O. Braun-Falco · F. Deinhardt · F. D. Goebel (Hrsg.)

AIDS
Leitlinien für die Praxis

Der Umgang mit vermutlich
oder tatsächlich Infizierten

MMV Medizin Verlag München
Vieweg Verlag, Wiesbaden

CIP-Kurztitelaufnahme der Deutschen Bibliothek
AIDS: Leitlinien für d. Praxis; d. Umgang mit vermutl. oder tatsächl. Infizierten / O. Braun-Falco . . . (Hrsg.). – München: MMV Medizin Verlag; Wiesbaden: Vieweg, 1987.
ISBN 978-3-528-07945-1 ISBN 978-3-322-91592-4 (eBook)
DOI 10.1007/978-3-322-91592-4

NE: Braun-Falco, Otto (Hrsg.)

MMV Medizin Verlag und Vieweg sind Unternehmen der Verlagsgruppe Bertelsmann

Gesamtherstellung Graphischer Betrieb L. N. Schaffrath, Geldern

ISBN 978-3-528-07945-1

Inhalt

Vorwort

Mit der deutlichen Zunahme von AIDS wird die Notwendigkeit größer, sich auch als praktisch tätiger Arzt mit den Problemen im Zusammenhang mit der HIV-Infektion und der durch sie verursachten Erkrankungen, bis hin zum Vollbild von AIDS, vertraut zu machen. Trotz der großen Publizität der Krankheit in öffentlichen Medien und in der Fachliteratur mangelt es häufig an Detailinformationen, die den täglichen Umgang mit HIV-Infizierten betreffen. Bei vielen Angehörigen der sogenannten Risikogruppen, unter diesen besonders bei den Homosexuellen, ist der Wissensstand über die Krankheit AIDS, bisherige Therapieversuche und die Krankheitsfolgen außerordentlich hoch, so daß der betreuende Arzt bereits bei der ersten Vorstellung zur HIV-Antikörpertestung mit einer Vielzahl von Fragen bestürmt wird. Die Unsicherheiten und Probleme nehmen nach Erhalt eines positiven Testbefundes noch erheblich zu, immer wieder stellt sich dem Patienten und dem Arzt die Frage, ob ein bestimmtes vom Patienten beobachtetes Symptom Folge der HIV-Infektion und damit der potentielle Anfang vom Ende sein könnte. Die intensive Selbstbeobachtung und -untersuchung durch die Patienten führt zur Verstärkung der Ängste. In häufigen und langen Gesprächen muß der Infizierte immer wieder darauf hingewiesen werden, daß auch er – wie jeder andere – Beschwerden haben kann, die mit der HIV-Infektion nichts zu tun haben. Die fehlende Charakteristik einschlägiger Folgeerscheinungen der Virusinfektion führt aber auch beim Arzt zu Unsicherheit bei der Zuordnung.

Über die rein medizinischen Konsequenzen hinaus hat die HIV-Infektion – auch durch die politische Dimension der Krankheit – unübersehbare Folgen im psychischen und sozialen Bereich, mit denen sich der behandelnde Arzt nicht nur auseinanderzusetzen hat, sondern die mitzutragen und zu mindern er auch aufgerufen wird. Daher muß er Kenntnisse und Fähigkeiten auch in diesem Bereich erwerben. Die Betreuung eines schwerkranken, jungen Menschen, dessen Tod in absehbarer Zeit gewiß ist, erfordert vom Arzt einen Einsatz, der weit über die rein medizinischen Aspekte hinausreicht. Fragen nach dem Sinn und der Vertretbarkeit invasiver diagnostischer Maßnahmen oder stark belastender Therapien stellen sich mit Regelmäßigkeit. Nicht zuletzt führt AIDS zu Berührungsängsten bei Ärzten und Pflegepersonal, die Forderungen der Kranken nach Zuwendung, nach Opfern an Zeit und Kraft sowie die Auseinandersetzung mit einer Krankheit, bei der der Arzt bisher keine Heilung erreichen kann, bedeuten starke Belastungen und psychische Probleme für alle Beteiligten.

Das vorliegende Buch ist von Autoren verfaßt worden, die die Vielfalt der Problematik in mehrjährigem Umgang mit Infizierten und Kranken erlebt haben. Ihre Beiträge stellen daher die Summe vieler Beobachtungen und Erfahrungen dar und sollen eine Hilfe besonders unter dem Gesichtspunkt der täglichen Praxis bringen.

München, im September 1987

O. Braun-Falco
F. Deinhardt
F. D. Goebel

Chronik einer Erkrankung

B. Ritzert

Die neue „Seuche" AIDS ist die erste große Pandemie in der zweiten Hälfte unseres Jahrhunderts. Amerikanische Epidemiologen tauften das Leiden „acquired immune deficiency syndrome", dessen Akronym seither zum Symbol der Herausforderung für Medizin und Wissenschaft wurde.

Erste Fälle von Kaposi-Sarkom

Ende der siebziger Jahre beobachteten amerikanische Wissenschaftler in Los Angeles und New York das gehäufte Auftreten eines bis dahin seltenen Krebses, des Kaposi-Sarkoms, bei den „falschen" Patienten: jungen weißen Männern der Mittelklasse. Der „gemeinsame Nenner" dieser Patienten war ihre Homosexualität. Gleichzeitig verzeichneten die amerikanischen Centers for Disease Control, daß Pneumonien, verursacht durch das harmlose Protozoon Pneumocystis carinii, dramatisch anstiegen. Im Jahr 1981 erschienen die ersten Publikationen, die das neue Syndrom beschrieben, an dessen Infekt-Ätiologie in der Fachwelt bald kein Zweifel mehr bestand.

AIDS-Erreger 1983 entdeckt

Nach zweijähriger Forscherjagd gelang es der Arbeitsgruppe um *Luc Montagnier* vom Pariser Institut Pasteur, den Erreger zu stellen: Im Mai 1983 berichteten die Wissenschaftler, daß es ihnen gelungen sei, ein Retrovirus von Patienten mit Lymphadenopathie-Syndrom zu isolieren. Allerdings scheiterten alle Versuche, den Erreger in vitro zu züchten.

Ein weiteres Jahr verging, bis *Robert Gallo* von den National Institutes of Health in Bethesda die erfolgreiche Züchtung der Virus-Isolate in bestimmten Zellinien vermeldete. Aufgrund der Verwandtschaft zu anderen menschlichen Retroviren tauften die Amerikaner „ihr" Virus HTLV III, während die französische Arbeitsgruppe die 1983 gewählte Bezeichnung LAV beibehielt.

Streit um den Namen

Die transatlantische Auseinandersetzung um den „richtigen" Namen, der erst 1986 ein Ende bereitet wurde (seither heißt der AIDS-Erreger HIV), war mehr als ein wissenschaftliches Scharmützel: Vielmehr ging es dabei um handfeste wirtschaftliche Interessen: Erst die erfolgreiche Züchtung des Erregers ermöglichte nämlich die Entwicklung der Tests zum Nachweis von HIV-Antikörpern. 1985 wurde denn auch der erste kommerzielle Test eingeführt, und die Bundesrepublik war weltweit das erste Land, in dem Blutspenden ab diesem Zeitpunkt dem Test unterzogen werden mußten.

Bundesrepublik screent als erstes Land Blutspenden

Mittlerweile sind zahlreiche Varianten des Erregers bekannt, im vergangenen Jahr wurde mit HIV-2 ein weiterer Subtyp isoliert. Es ist nicht auszuschließen, daß weitere folgen werden.

In der rein äußerlich eher unscheinbar aussehenden Hülle des AIDS-Erregers verbirgt sich eine Erbinformation von außerordentlicher Komplexität: Während herkömmliche Retroviren mit nur drei Genen auskommen, verfügt HIV über mindestens fünf weitere Gene, die – so der noch recht vorläufige Kenntnisstand – überwiegend die Virusvermehrung steuern. Mit dem gesamten Arsenal von Molekularbiologie und Gentechnik wurden Struktur und Funktion dieser Erbabschnitte in den vergangenen vier Jahren geknackt. Forschergruppen entschlüsselten beispielsweise einen genetischen „Hauptschalter", das TAT-Gen, dessen Produkt die Virusvermehrung um ein Vielfaches steigert. Aber auch hemmende Faktoren der Vermehrung wurden im Virus-Erbgut entdeckt: Diese könnten, so die Vermutung, bei der Latenzphase einer HIV-Infektion eine Rolle spielen. Andere Gene sind für die Infektionsfähigkeit von HIV verantwortlich oder dafür, daß HIV die Immunzellen verklumpen läßt. Nicht zuletzt versuchen Wissenschaftler in zahlreichen Laboratorien das Wechselspiel zwischen Viren, Immunsystem und dessen „Kommunikationsmolekülen" auszuloten.

Die Erbinformation wird geknackt

Die Komplexität des Erregers und seine trickreichen Pathogenitätsmechanismen machen therapeutische Ansätze und Impfstoff-Entwicklung schwierig. Der voreilig ausgerufene Sieg über die Infektionskrankheiten wurde durch AIDS als Hybris entlarvt, wie es *Robert Gallo* formuliert hat. Auf unabsehbare Zeit werden wir mit der Krankheit leben müssen.

HIV – Steckbrief eines Erregers

L. Gürtler

Vom humanen Immunschwächevirus sind derzeit zwei Varianten – HIV-1 und HIV-2 – bekannt, die in einem hohen Prozentsatz der infizierten Patienten zu AIDS führen. Beide Retroviren unterscheiden sich in den Proteinen, die die Hülle aufbauen, nicht jedoch in ihrem Infektionsmodus. Die Pathogenität von HIV-2 scheint milder zu sein.

HIV-1 und HIV-2 führen beide zu AIDS

Wachstum: Eine Vermehrung dieses Virus erfolgt nur intrazellulär. HIV-1 kann nur Zellen infizieren, die den CD4-Rezeptor auf der Oberfläche tragen; dazu gehören Helferlymphozyten, Makrophagen, Oligodendrozyten und Kolonzellen. Nach Eintritt in die Zelle wird das Genom des Virus (RNS) umgeschrieben (in DNS) und in das Genom der Wirtszelle eingebaut. Durch Zellstimulation und viruseigene Aktivierung kommt es zur Neusynthese von Virusmaterial – Nukleinsäure und Proteine

Der CD-4-Rezeptor ist für HIV das „Tor" zur Zelle

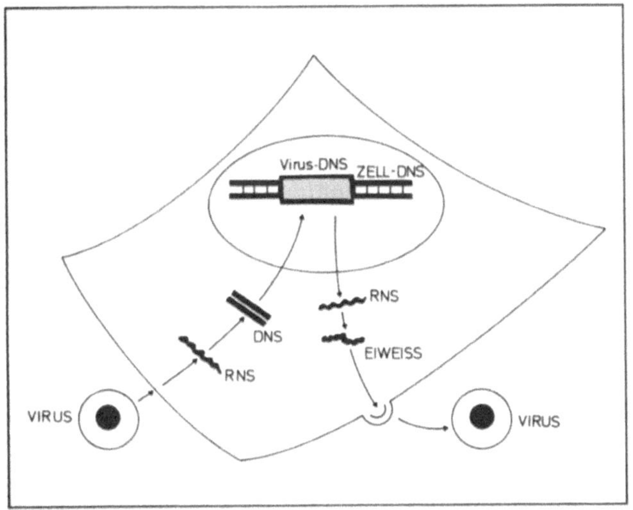

Lebenszyklus des HIV: Das Virus wird in das Genom der Wirtszelle eingebaut, Virusmaterial wird neu synthetisiert, schließlich knospen infektionsfähige Viren aus der Zellmembran aus.

– und an der Zellmembran zum Aufbau neuer, infektionsfähiger Viren.

In Helferlymphozyten wirkt HIV zytopathisch. Die Virusproduktion kann nur durch Zellzerstörung verhindert werden. Das Immunsystem kann virusproduzierende Zellen dauerhaft nicht eliminieren; der einmal HIV-Infizierte bleibt (potentiell) lebenslang infektiös.

Infizierte bleiben lebenslang infektiös

Ein Wachstum von HIV-1 außerhalb des menschlichen Organismus ist nur in Schimpansen möglich, von HIV-2 nur in Affen, nicht in Haustieren, nicht in Insekten.

Dauer der Infektiosität: Nach dem Ausknospen aus der Zelle kann HIV auch extrazellulär vorhanden sein und über Körpersekrete ausgeschwemmt werden – neben Blut und Plasma ist HIV in Ejakulat, Vaginal- und Zervikalsekret, Liquor, Speichel, Muttermilch, Urin, Stuhl und Tränen nachgewiesen worden. Die Virusmenge in Tränen ist sicherlich wesentlich geringer als im Blut.

Kurze Halbwertszeit unter unsterilen Bedingungen

Unter sterilen Bedingungen in der Gewebekultur ist die Halbwertszeit des Infektiositätstiters von HIV etwa acht Stunden. Je niedriger die Temperatur, um so länger bleibt HIV infektiös. Unter unsterilen Bedingungen und in Gegenwart von proteolytischen und lipolytischen Enzymen (eintrocknende Blutspritzer) ist die Halbwertszeit der Infektiosität von HIV wesentlich kürzer (Minuten).

Übertragung: Der Hauptweg ist der Sexualverkehr; der Weg über Blut und Blutprodukte ist ebenfalls häufig. Blut wird auf das Vorhandensein von HIV-Antikörpern getestet, Blutprodukte werden inaktiviert, wie Faktor-VIII- und -IX-Konzentrate, Albumin. γ-Globulinpräparate werden durch Äthanolfällung hergestellt, dadurch wird eventuell vorhandenes HIV inaktiviert. Sehr geringe Mengen von Blut sind für die Infektionsübertragung ausreichend; deswegen *sollten Nadelstichverletzungen unter allen Umständen vermieden werden.*

Alle zugelassenen Desinfektionsmittel inaktivieren HIV

Inaktivierung: Eine schnelle Inaktivierung des HIV kann erreicht werden durch alle zugelassenen Desinfektionsmittel, die auch für Hepatitis-B-Virus wirksam sind. Verlust der Infektiosität wird ferner erreicht durch alkoholische Lösungen oder Detergenzien, die die Lipidhülle zerstören, durch Proteindenaturierung durch Temperaturen über 60°C, durch Säure oder Alkalieinwirkung (pH<1 oder >13) und durch Wasserstoffperoxid.

HIV – Der Ursprung wird eingekreist

B. Ritzert

Das Gerücht ist nicht auszumerzen: HIV als Ergebnis eines Laborunfalles bzw. als gezielt gebastelte gentechnische Waffe geistert immer wieder durch die Medien. Ähnlichkeiten zwischen HIV und den sogenannten Lentiviren (RNA-Viren von Paarhufern) einerseits sowie zwischen HIV und dem menschlichen Leukämie-Erreger HTLV-I andererseits führte zu Spekulationen, daß HIV das gentechnische Produkt der „Eltern" Lentivirus und HTLV-I sei.

HIV ist kein „Laborunfall"

Dieser Spekulation gingen jetzt die Arbeitsgruppen von *H. Wolf,* München, und *R. Kurth,* Frankfurt, nach. Resultat: Aufgrund molekularbiologischer Untersuchungen, bei denen die Erbinformationen der jeweiligen Viren miteinander verglichen wurden, ist die Spekulation der gentechnischen Entstehung des AIDS-Erregers „eindeutig widerlegt".

HIV und Visnaviren (Lentiviren, die Schafe befallen) haben neben gewissen morphologischen Ähnlichkeiten gemeinsam, daß beide auch das ZNS infizieren und die Erkrankung eine lange Inkubationszeit hat. Allerdings: HIV ist auf die T4-Rezeptoren spezialisiert, die für die T-Helferzellen des Immunsystems sowie Makrophagen und bestimmte Nervenzellen charakteristisch sind. Visnaviren infizieren demgegenüber sehr verschiedene Zellarten.

Verwandtschaft mit Visnaviren

Die Gemeinsamkeit zwischen HIV und HTLV-I liegt in der „Vorliebe" für T-Helferzellen. Jedoch benutzen die Erreger verschiedene „Tore" zur Zelle: Die Blockade des T4-Rezeptors, die vor einer HIV-Infektion

In Afrika häufiger: Erbfaktoren, die AIDS begünstigen

Alpha-2-Globulin erhöht Empfänglichkeit für HIV-Infektion

Vor einiger Zeit berichtete eine englische Arbeitsgruppe um *L. J. Eales,* London, daß ein genetischer Faktor bei der Empfänglichkeit für eine HIV-Infektion eine Rolle spielen könnte. Dieser Faktor kodiert für ein kurz Gc genanntes Protein, das Alpha-2-Globulin, das Vitamin D binden kann. Das Gen kommt in drei verschiedenen „Ausgaben" (Allelen) vor: 1F, 1S und 2. Bei ihren Untersuchungen fanden die englischen Wissenschaftler heraus, daß das Allel Gc-1F die Empfänglichkeit für eine HIV-Infektion erhöht. Demgegenüber scheinen die beiden anderen Allele, Gc-1S und Gc-2 vor einer Infektion zu schützen. Wie *J. Diamond,* Los Angeles, jetzt im englischen Fachblatt Nature kommentiert, variiert die Frequenz der Allele geographisch. So habe etwa die Region südlich der Sahara die höchste Frequenz von Gc-1F. Das Allel ist dort drei Mal häufiger als in Europa. „Dies könnte eine der Ursachen dafür sein", spekuliert *Diamond,* „daß sich AIDS in Afrika schneller als in Europa ausbreitet."

schützt, kann das Eindringen von HTLV-I nicht unterbinden. Diese Tatsache widerlegt die Vermutung, daß Lentiviren gentechnisch der „Anker" von HTLV-I für die T4-Zellen eingebaut wurde. Darüber hinaus entdeckten die Wissenschaftler praktisch keine Ähnlichkeiten der Erbinformation von verschiedenen HIV-1-Isolaten und HTLV-I.

Nur weitläufige Verwandtschaft zwischen HIV und HTLV-I

Anders sieht es demgegenüber mit dem Verwandtschaftsgrad von HIV-1 und Visnaviren aus: Beide Erreger haben homologe Bereiche in ihrem Erbgut, was auf enge Verwandtschaft schließen läßt.

Aus der Mutationsrate von RNS-Viren, bezogen auf die Zeit, läßt sich berechnen, wann sich die beiden Stämme während der Evolution getrennt haben. Auch dies haben die Wissenschaftler getan. Ergebnis: Die

Trennung der beiden Virusarten muß mehr als 30 Jahre zurückliegen, also zu einer Zeit, als gerade die Struktur der Erbsubstanz aufgeklärt wurde und noch kein Forscher an Gentechnik dachte.

Ursprung von HIV in Afrika wahrscheinlich

Der Ursprung von HIV in Afrika ist sehr wahrscheinlich. Ob HIV als endemischer humanpathogener Erreger persistierte, dessen Pathogenität sich veränderte, oder als Affenvirus, das erst kürzlich auf den Menschen übertragen wurde, kann derzeit nicht beantwortet werden.

Infektionswege und Prävention

O. Braun-Falco, M. Fröschl

Kaum eine Erkrankung hat in den letzten Jahren Medizin und Medien so sehr beschäftigt wie das erworbene Immundefekt-Syndrom oder AIDS (*A*cquired *I*mmune *D*eficiency *S*yndrome). Über 6000 Anfragen an das Ärztliche AIDS-Telefonkonsil München (Tel. 0 89/ 53 97-6 59) von September 1985 bis August 1987 zeigen, daß nach wie vor ein großes Informationsbedürfnis besteht.

Prävention: Verlegung der Ansteckungswege

Da der Medizin zum gegenwärtigen Zeitpunkt weder ein heilendes antivirales Medikament noch eine prophylaktische Impfung zur Verfügung steht, kommen der Aufklärung und Prävention entscheidende Bedeutung zu. Prävention einer HIV-(*H*uman *I*mmunodeficiency *V*irus-)Infektion besteht in einer maximalen Reduktion des Ansteckungsrisikos durch Verlegen möglicher Infektionswege. Da die HIV-Infektion in erster Linie – im Sinne einer Geschlechtskrankheit – durch den Sexualverkehr übertragen wird, ist es insbesondere wichtig, den Patienten über risikoarmes Sexualverhalten zu informieren. Hierzu gehört zum einen eine grundsätzliche Verhaltensänderung im Sexualleben durch eine Reduktion der Anzahl der Partner, da Promiskuität zu einem Motor der Verbreitung der HIV-Infektion werden könnte, zum anderen die Kenntnis um die größere Infektionsgefahr bei bestimmten Sexualpraktiken, die häufiger zu Schleimhautverletzungen führen.

Richtlinien für Ratsuchende

Risikoarmen Sexualkontakt empfehlen

Durch solche Praktiken kann es zu einem direkten Kontakt von Sperma bzw. lymphozytenreichen Vaginal- oder Genitalsekreten mit der Blutbahn kommen. Aus diesem Grund erscheint es sinnvoll, Ratsuchenden Richtlinien für risikoärmeren Sexualverkehr, sogenannten „Safer Sex" (Tabelle 1), an die Hand zu geben.

Tabelle 1: Risikoarmer Sexualverkehr.

„Safer Sex"
– möglichst wenige Partner
– Benutzen von Kondomen
– kein Schleimhautkontakt mit Samen, Vaginal- oder Genitalsekreten, Blut des(r) Partners(in)
– bei *(Mikro-)Verletzungen* der Haut kein Kontakt mit Samen, Vaginal- oder Genitalsekreten, Blut des(r) Partners(in)
– Vermeiden von Küssen, die zu Verletzungen führen

Neben der sexuellen Übertragung spielt die Ansteckung über gemeinsam benutzte Injektionskanülen („needle sharing") bei i.v. Drogenabhängigen die zahlenmäßig größte Rolle.

Horizontale und vertikale Übertragung möglich

Epidemiologische Daten zeigen weiterhin, daß neben der horizontalen Übertragung durch Blut oder den Geschlechtsverkehr auch die vertikale Transmission möglich ist. So kann die Mutter Virus oder Antikörper transplazentar oder perinatal an das Kind weitergeben. Man geht heute davon aus, daß schätzungsweise 50 bis 60% der Kinder HIV-Antikörper-positiver Mütter ebenfalls infiziert sein können.

Infektionen durch Bluttransfusion dürften durch die regelmäßige Testung aller Blutspender auf HIV-Antikörper seit Mitte des Jahres 1985 nahezu ausgeschlossen sein. Ebenso dürften Faktorenkonzentrate zur Behandlung der Hämophilie durch Verfahren, wie z. B. Hitzesterilisation, ein großes Maß an Sicherheit gewährleisten.

Obwohl in anderen Körperflüssigkeiten wie Speichel oder Tränen die Isolierung des Virus gelungen ist, ist eine Infektion – bei Betrachtung verfügbarer epidemiologischer Daten – über diesen Weg äußerst unwahrscheinlich. Die Gefahr einer Übertragung läßt sich heute durchaus differenziert einschätzen: So ist die Ansteckung durch übliche soziale Kontakte, Tröpfchen- oder Schmierinfektion praktisch unmöglich (Tabelle 2).

Keine Infektion über Tröpfchen- oder Schmierinfektion

Tabelle 2: Infektionswege.

Richtig einschätzen

Infektion möglich: Sexualverkehr, gemeinsames Benutzen von Injektionsnadeln, Übertragung von Mutter auf Kind während Schwangerschaft und Geburt

unwahrscheinlich: Kontakt mit Speichel oder Tränen, Blutkonserven und Plasmaprodukte

praktisch unmöglich: übliche soziale Kontakte, Tröpfchen- oder Schmierinfektionen

HIV-Infizierte nicht diskriminieren

Um der Diskriminierung und Isolation HIV-Antikörper-positiver Personen vorzubeugen, erscheint es wichtig, immer wieder darauf hinzuweisen, daß im normalen sozialen Umgang (z. B. Arbeitsplatz, Schule, Krankenhaus) keine Infektionsgefahr besteht. Personen, die mit AIDS-Erkrankten über längere Zeit in häuslicher Gemeinschaft lebten, waren stets HIV-Antikörper-negativ. Retroviren, zu denen das HIV-Virus zu rechnen ist, bleiben zudem außerhalb des Körpers nur für kurze Zeit infektiös, da Körperflüssigkeiten oder Gewebe, in denen sie enthalten sind, normalerweise rasch austrocknen und das Virus damit seine Infektiosität verliert. Schmierinfektionen sind aus diesem Grunde praktisch unmöglich. Darüber hinaus gibt es bisher keinen sicheren Hinweis darauf, daß Ansteckung über blutsaugende Insekten möglich ist.

Keine Infektionsgefahr bei üblichen sozialen Kontakten

Prävention ist möglich

Aufklärung derzeit wichtigstes Mittel

Um ein weiteres exponentielles Ansteigen der Zahl der HIV-Infizierten und AIDS-Erkrankten zu vermeiden, ist ein besonderes Augenmerk auf die Aufklärung eines jeden einzelnen über mögliche Infektionswege zu richten. Prävention ist möglich und zum heutigen Zeitpunkt das wirkungsvollste Mittel im Kampf gegen die Krankheit AIDS.

Risikopersonen gibt es überall

M. Fröschl, O. Braun-Falco

Gerade innerhalb des letzten Jahres wurde immer deutlicher, daß das erworbene Immundefekt-Syndrom keine Krankheit ist, die ausschließlich auf die sogenannten Hauptrisikogruppen – homo- und bisexuelle Männer, i.v. Drogenabhängige und Hämophile – beschränkt ist.

Nicht mehr nur Risikogruppen sind betroffen

Nach wie vor sind zwar sicherlich überwiegend homo- und bisexuelle Männer betroffen: So waren von 1217 dem Bundesgesundheitsamt am 31. Juli 1987 bekannten AIDS-Erkrankungen 74,8% in dieser Gruppe aufgetreten. 8,6% der Erkrankten mit dem Vollbild von AIDS waren intravenös drogenabhängig; diese hatten sich in aller Regel über das gemeinsame Benutzen von Injektionskanülen („needle sharing") angesteckt. Hämophile, die sich durch Faktorenkonzentrate mit dem HIV-Virus infiziert hatten, waren in 73 Fällen (6,0%) erkrankt. Zudem rekrutierten sich 2,3% der Erkrankten aus Bluttransfusionsempfängern, die vor der routinemäßigen Kontrolle der Blutspender Transfusionen erhalten hatten.

Auch Kinder sind betroffen

Kinder unter 13 Jahren mit einer AIDS-Erkrankung (1,0%), die weder eine Hämophilie aufwiesen noch transfundiert worden waren, stammten aus Familien, in denen mindestens ein Elternteil einer Risikogruppe – in der Regel i.v. Drogenabhängige – zuzuordnen war.

Nur die Spitze des Eisbergs

Allerdings sind diese Patienten mit dem vollentwikkelten Syndrom – und nur diese werden in Berlin registriert – jene, die sich vor vielen Monaten oder Jahren infiziert haben. Die Daten spiegeln daher bislang auch nur die Riskogruppen wider, die zu Beginn der Epidemie als erste betroffen waren.

Ausmaß der Infektionen in der Allgemeinbevölkerung noch unbekannt

Über sexuelle Kontakte etwa zwischen bisexuellen Männern oder i.v. Drogenabhängigen mit Nicht-Risikopersonen hat HIV die eng umschreibbaren Gruppen jedoch mittlerweile verlassen und beginnt, in die Allgemeinbevölkerung vorzudringen. Bislang liegen jedoch noch keine epidemiologischen Daten über das Ausmaß der Serokonversionen in der Allgemeinbevölkerung vor.

HIV-Übertragung durch heterosexuellen Geschlechtsverkehr

Wie von anderen Geschlechtskrankheiten wie Lues oder Gonorrhoe bekannt, betrifft daher auch AIDS in keiner Weise nur die sogenannten Risikopersonen. Vor allem die Zahlen aus Afrika beweisen, daß die heterosexuelle Übertragung des erworbenen Immundefekt-Syndroms eine wesentliche Rolle spielt. Auf dem schwarzen Kontinent beträgt das Geschlechtsverhältnis praktisch 1:1, so daß Frauen in gleichem Maße betroffen sind wie Männer. Heterosexuelle Übertragungen sind insbesondere bei Sexualkontakten zu bisexuellen Männern oder i.v. Drogenabhängigen in Erwägung zu ziehen.

In Afrika sind Frauen im gleichen Ausmaß infiziert wie Männer

Der Prozentsatz für diesen Infektionsweg lag Ende Juli 1987 bei 3,9%. Jedoch erscheint wahrscheinlich, daß eine Reihe der AIDS-Erkrankungen, bei denen kein Risiko erfragbar war (3,4%) auf heterosexuelle Übertragung zurückzuführen ist. Eine Ansteckung ist dabei sowohl vom Mann auf die Frau als auch in umgekehrter Richtung möglich. Sowohl aus dem Samen, wenn auch in höherer Konzentration, als auch aus Vaginal- und Genitalsekreten der Frau gelang die Isolation des HIV. Das Risiko einer Ansteckung dürfte bei ent-

AIDS-Erkrankungen in der Bundesrepublik

Der AIDS-Arbeitsgruppe des BGA bekannt gewordene Erkrankungen (Stand: 31. Juli 1987)			
Risikogruppe	Fallzahl männl.	Fallzahl weibl.	% gesamt
1. Homo- oder bisexuelle Männer	910	–	74,8
2. Fixer	56	36	7,6
2a. Risiken 1. + 2.	13	–	1,0
3. Hämophile	73	0	6,0
4. Heterosexuelle Partner von Risikogruppen 1.–4.	26	21	3,9
5. Bluttransfusionsempfänger	18	10	2,3
6. Kinder unter 13 J. von Eltern aus Risikogruppe	8	5	1,0
7. nicht bekannt	37	4	3,4
	1141	76	
Gesamtzahl	1217		

Quelle: BGA

Wie sich die Daten ändern: Noch vor einem Jahr faßte das BGA die Risikogruppen 4 bis 6 – aufgrund geringer Fallzahlen (16) – in der Gruppe „andere" zusammen.

zündlicher Veränderung der weiblichen Zervix oder Vagina z. B. durch Geschlechtskrankheiten deutlich höher sein.

Cave: Sex-Tourismus

Infektionsrisiko kann heute an keinem Ort der Welt mehr ausgeschlossen werden

Wichtig erscheint es zudem, Afrika-Reisende darauf hinzuweisen, daß Prostituierte in zahlreichen afrikanischen Ländern zu einem hohen Prozentsatz infiziert sind und hier besondere Gefahr lauert. Aus weiteren Touristik-Ländern wie z. B. Sri Lanka (Ceylon), Thailand, Indien oder Südamerika liegen noch keine exakten epidemiologischen Daten über die Ausbreitung von HIV vor. Ein Infektionsrisiko bei sexuellen Kontakten kann jedoch heute an keinem Ort der Welt mehr ausgeschlossen werden.

Kontakte mit Beschaffungs-Prostituierten

Ein nicht unerhebliches Ansteckungsrisiko scheint darüber hinaus von Frauen auszugehen, die sogenannte

Beschaffungsprostitution betreiben. Diese junge Mädchen sind meist i.v. drogenabhängig und finanzieren ihren Drogenkonsum über die Prostitution. Während bei den Gesundheitsämtern registrierte, regelmäßig untersuchte Prostituierte nur zu einem sehr geringen Prozentsatz infiziert sind, dürften i.v. drogenabhängige Frauen in schätzungsweise 20 bis 40% der Fälle HIV-Antikörper-positiv sein und damit ein erhebliches Ansteckungsrisiko darstellen.

Risiko: Prostitution von Drogenabhängigen

Ein einziger „Fehltritt" kann ausreichen

Jeder Mensch, der in keiner festen Partnerschaft lebt und ohne Schutzmaßnahmen (Kondom) verkehrt, sollte sich bewußt sein, daß ein einziger Sexualverkehr mit einem Infizierten das Risiko einer Ansteckung in sich birgt. Die sexuelle Entwicklung der letzten 20 bis 30 Jahre scheint durch das erworbene Immundefekt-Syndrom kurzfristig eine entscheidende Richtungsänderung erfahren zu müssen. Immer deutlicher tritt hervor, daß AIDS keineswegs eine Erkrankung ausschließlich von Risikogruppen darstellt, sondern daß jeder einzelne durch eigenes risikohaftes Verhalten gefährdet ist und andere gefährden kann. AIDS wird daher zu einem Umdenken vor allem im Sexualverhalten aller Bevölkerungsschichten – ob heterosexuell oder homosexuell – führen müssen, da zum gegenwärtigen Zeitpunkt Prävention der wirksamste und einzig sichere Schutz vor der bedrohlichen Immunschwächekrankheit ist.

Das Sexualverhalten muß sich ändern

Umgang mit der AIDS-Angst

S. Zippel

Das neue Krankheitsbild AIDS und die oft widersprüchlichen Informationen über Ansteckungsrisiken und die Erkrankungswahrscheinlichkeit beunruhigen viele Menschen und erzeugen dadurch auch Angst.

Umgang mit der Angst ist entscheidend für das Vertrauensverhältnis

Angst ist eines der unangenehmsten Gefühle, das Menschen haben können. Die Art und Weise, wie in der ärztlichen Praxis mit diesem Gefühl umgegangen wird, kann entscheidend für das zukünftige Vertrauensverhältnis zwischen Arzt und Patient sein.

Infektionsrisiken abklären

In einem ausführlichen Erstgespräch sollten mögliche Infektionsrisiken und die damit verbundenen Befürchtungen abgeklärt werden. Der Arzt sollte dabei keinesfalls als moralischer Richter auftreten. Nur bei einem vorurteilsfreien Verhalten wird er Ansteckungskontakte erfahren. Falsch wäre es, z. B. die Frage einer jungen

Ansteckungsrisiken nur bei vorurteilsfreiem Verhalten zu erfahren

Im Gespräch das Infektionsrisiko einkreisen

1. Fragen nach Risiko-Kontakten
   a) An den Mann: Hatten Sie homosexuellen Kontakt?
   b) An die Frau: Hatten Sie Kontakte mit einem bisexuellen Mann?
   c) Hatten Sie Kontakte mit einem i.v. drogenabhängigen Partner oder Partner, der drogenabhängig war?
   d) Hatten Sie Kontakte mit einer möglicherweise i.v. drogenabhängigen Prostituierten? (alleine der „Preis“ der Prostituierten und ihr „Standort“ kann darauf schon ein Hinweis sein)
   e) Hatten Sie während Ihrer Urlaubsreise Sexualkontakte mit nicht näher bekannten Partnern?
   f) Hatten Sie Kontakte mit Bluterkranken?
2. Fragen nach Art der Sexualkontakte
   a) Hatten Sie ungeschützten Vaginalverkehr?
   b) Hatten Sie ungeschützten Analverkehr?
3. Fragen zum Drogenkonsum
   a) Sind oder waren Sie i.v. drogenabhängig?
   b) Haben Sie mit anderen Drogenabhängigen die Nadel getauscht?

Frau nach AIDS mit der Entgegnung: „Aber Kindchen, Du bist doch keine Nutte“, abzuwürgen.

Abhängig von der Intensität der Angst wird der Arzt gezwungen sein, verschieden zu handeln. Er sollte aber auch immer Zeit für die Fragen seiner Patienten haben. Aufklärung baut die Angst am besten ab.

Aufklärung baut unbegründete Angst ab

In geringer Dosierung kann Angst beim Patienten jedoch auch ein Motiv für eine Verhaltensänderung sein, die der Arzt durch eine sachgerechte Information begleiten und unterstützen kann.

Tabu-Thema fördert Verdrängungsmechanismen

Bedacht werden sollte bei diesen Gesprächen, daß durch die Verbindung der Krankheit AIDS mit den Tabu-Themen Sexualität, Sucht und Tod eine zusätzliche Belastung auftritt. Aus diesem Grund sollte der Arzt auch in Erwägung ziehen, daß er vom Patienten nicht immer eine ausreichende Information über mögliche Infektionsrisiken erhält. So ist beispielsweise der Fall bekannt, daß ein Patient mit einer rektalen Gonorrhoe homosexuelle Kontakte leugnete. Ob es sich hierbei um eine Lüge oder Verdrängung handelt, ist nicht zu klären. Daher muß natürlich auch immer die klinische Anamnese bei der Abklärung des Infektionsrisikos miteinbezogen werden. Nicht zuletzt wird deshalb auch vom Arzt neben einer exakten Aufklärung ein hohes Maß an Einfühlungsvermögen und die Fähigkeit zur Reflexion des eigenen Verhaltens (Wie gehe ich mit Sexualität, Sucht und Tod um?) gefordert.

Klinische Anamnese zur Abschätzung des Infektionsrisikos heranziehen

Häufig kann die Angst des Patienten durch ein vertrauensvolles Gespräch, in dem Informationen auch klar, d. h. dem Wissensstand des Patienten entsprechend, vermittelt werden, gut abgebaut werden.

AIDS-Phobien häufen sich

AIDS löst bereits im Normalfall einen gewissen Grad von Furcht aus. In letzter Zeit treten aber auch vermehrt Verhaltenszustände bei Patienten auf, die nicht mehr als normale Angstformen bezeichnet werden kön-

AIDS-Angst: sozial akzeptierte Kanalisation für Phobien

Grenze zwischen Angst und Phobie ist schwer zu ziehen

Beratungsstelle in München

Hilfe bei irrationaler AIDS-Angst

Am Institut für klinische Psychologie der Münchener Universität ist unter Leitung von *W. Butollo* ein Projekt zur Diagnose und Therapie der AIDS-Phobie angelaufen. „Die Angst vor AIDS", stellt *Butollo* im Gespräch mit der MMW fest, „ist der sozial akzeptierte Vorwand, um Ängste in eine öffentlich vertretbare Richtung zu kanalisieren." Wie bei anderen zwanghaften Ängsten ähnlich – gleichgültig, ob die gefürchtete Situation eine reale, wenn auch unwahrscheinliche (Krankheitsphobie) oder irreale Gefahr (Klaustrophobie) darstellt – beobachten Therapeuten bei den Phobikern immer wieder starke unbewußte Schuldgefühle. „Diese werden häufig durch aggressive Emotionen, wie etwa Tötungsgedanken, verursacht", so *Butollo*. Neu bei der AIDS-Phobie sind Schuldgefühle im Sexualbereich, die etwa durch das Übertreten kindlicher Sexualtabus ausgelöst werden. Die sachliche Information über Infektionswege und Ansteckungsrisiken, die einen nur beunruhigten Menschen entlastet, greift beim Phobiker nicht mehr.

Die beteiligten Wissenschaftler haben sich bei diesem Projekt daher die Aufgabe gestellt, nach der Grenze zwischen „normaler" Angst vor der Immunschwächekrankheit und der Phobie zu suchen. Diese Grenze ist nicht einfach zu ziehen. „Leider werden Phobiker häufig nicht ernstgenommen", meint *Butollo,* „ihr Leidensdruck wird negiert."

Daher wurde von den klinischen Psychologen ein ständiger Beratungsservice im Institut (Leopoldstr. 13, 8000 München 40) eingerichtet. Bei zwei Sitzungen versuchen die Therapeuten – kostenlos und anonym, auf Wunsch auch ohne Aufzeichnungen des Verlaufs – den Hintergrund der Angst zu klären. Danach wird entschieden, ob dieser Patient an die AIDS-Beratungsstellen zurückverwiesen oder besser einer Psychotherapie zugeführt wird.

Das Telefon der Beratungsstelle ist von Montag–Freitag von 9.00–14.00 Uhr besetzt. Rufnummer: 0 89/34 78 63 oder 0 89/21 80-52 25. (*br*) nen. Der Patient reagiert panisch auf Krankheitssymptome oder minimale Verletzungen, die er als Infektionsrisiko betrachtet.

Eine extreme Form der Angst vor/um AIDS stellt die AIDS-Phobie dar. Häufig handelt es sich hier um eine Form der Angst, die früher andere phobische Reaktionen hervorgerufen hat und jetzt durch das Aufkommen von AIDS eine neue Richtung eingeschlagen hat. Der Arzt kann hier mit verschiedenen Spielarten konfrontiert werden. Die zwei am häufigsten beschriebenen sind:

Panische Reaktionen auf harmlose Symptome

a) Die Angst vor Ansteckung:

Der Patient glaubt, sich überall infizieren zu können. Dies kann solche Ausmaße annehmen, daß er die Wohnung nicht mehr verläßt, Kontakte zu Mitmenschen abbricht und es vermeidet, Gegenstände wie Telefonhörer, Türklinken etc. zu berühren.

b) Die Angst vor Erkrankung:

Obwohl kein Testergebnis des Patienten positiv ist, glaubt er, bei sich AIDS-relevante Symptome, z. B. Nachtschweiß, Durchfälle, Lymphknotenschwellungen u. ä., festzustellen, die auf eine manifeste AIDS-Erkrankung hinweisen.

Der Arzt wird bei AIDS-Phobikern häufig beobachten können, daß sie über die Ansteckungswege und Krankheitsverläufe gut Bescheid wissen. Viele AIDS-Phobiker haben bedauerlicherweise bereits eine Arzt- und Testkarriere hinter sich, während der sie sich bis ins Detail informierten.

Phobiker ist gut über AIDS informiert

Bevor der Arzt eine Phobie als mögliche Krankheitsursache in Betracht zieht, sollte er auf jeden Fall erst diagnostisch abklären, ob der Patient infiziert oder bereits erkrankt sein kann.

Den Psychotherapeuten einschalten

Ergeben die Untersuchungen keine Hinweise auf eine mögliche HIV-Infektion oder AIDS-Erkrankung und ist der Patient auch sonst ohne Befund, sollter Arzt an eine Überweisung an einen anerkannten Psychotherapeuten denken.

Patient fühlt sich körperlich, nicht seelisch krank

Wichtig ist dabei, daß der Arzt zusammen mit dem Patienten diesen Schritt bespricht, denn der Patient fühlt sich primär körperlich und nicht psychisch krank. Die Annahme der eigenen AIDS-Phobie und der dahinterliegenden Ängste durch den Patienten gelingt um so besser, je einfühlsamer der Arzt den Patienten zur Therapie motiviert.

Symptome einer HIV-Infektion

Internistische Symptomatik

F. D. Goebel, J. Bogner

Uncharakteristische Symptome zum Mosaik zusammenfügen

Die Leitsymptome, die für eine HIV-Infektion in den verschiedenen Stadien der Krankheit sprechen, zeichnen sich dadurch aus, daß sie ohne Ausnahme uncharakteristisch sind und lediglich als Mosaiksteine im Zusammenhang mit anderen Beschwerden bzw. Befunden interpretiert werden können. Unabhängig vom Stadium der Krankheit lassen sich Allgemeinsymptome, Beschwerden im Bereich des Mundes und weiteren Gastrointestinaltraktes, der Respirationsorgane, der Augen unterscheiden. Sehr häufig sind neurologische Symptome sowohl zu Beginn wie auch im weiteren Verlauf der Krankheit. Auch urologische Symptome wie Dysurie und Algurie, seltener eine Hämaturie, können den Patienten zum Arzt führen.

Jedes Organsystem kann betroffen sein

Beschwerden dem Krankheitsstadium zuordnen

Dies bedeutet, daß praktisch jedes Organsystem durch die Krankheit betroffen sein und Symptome auslösen kann. Statt einzelne Symptome aufzuzählen, erscheint es jedoch sinnvoller, die Beschwerden nach Stadien der Krankheit eingeteilt zu differenzieren.

Auch wenn in den letzten Jahren verschiedene Schemata der Stadieneinteilung der Krankheit publiziert worden sind, erscheint es immer noch praktikabel für den allgemeinen Gebrauch, den Krankheitsverlauf in vier Abschnitte einzuteilen:

1. Akute HIV-Krankheit
2. Lymphadenopathie-Syndrom
3. AIDS Related Complex
4. Vollbild AIDS.

Vier Stufen des Krankheitsverlaufes

Akute HIV-Krankheit

Die akute HIV-Krankheit wird nach verschiedenen Literaturangaben in etwa 20% der Fälle beobachtet. Der Verlauf gleicht zahlreichen anderen Viruskrankheiten mit uncharakteristischen Symptomen, die in Tabelle 1 aufgeführt sind. Das Problem der Zuordnung der

Tabelle 1: Symptome der akuten HIV-Krankheit.

- Fieber
- Appetitlosigkeit
- Schwäche
- Muskelschmerzen
- Arthralgien
- Kopfschmerzen
- Halsschmerzen
- passagere Lymphknotenschwellungen
- Durchfall
- Exanthem

Symptome einer akuten Viruskrankheit zu einer HIV-Infektion liegt darin, daß während dieser Krankheit weder Viren noch Antikörper gegen das HIV nachweisbar sind. Die Charakterisierung als HIV-Krankheit erfolgt also lediglich durch anamnestische Angaben, wenn der Patient eine entsprechende Exposition von sich aus angibt oder auf Befragen zugibt. In vielen Fällen läßt sich jedoch die Infektion erst retrospektiv durch frühestens vier bis sechs Wochen später auftretende HIV-Antikör-

Im Frühstadium noch keine Antikörper nachweisbar

per nachweisen. Die akute Virusinfektion dauert in der Regel sieben bis 14 Tage und verschwindet spontan ohne jede Therapie. Es kommt zum sogenannten Latenzstadium, in dem Antikörper gegen das HIV nachweisbar sind, ohne daß subjektive oder objektive Symptome bzw. Befunde auftreten.

Lymphadenopathie-Syndrom

LAS: Geschwollene Lymphknoten für mindestens drei Monate

Nach sehr unterschiedlich langer Dauer kann sich das sogenannte Lymphadenopathie-Syndrom entwickeln. Da in den folgenden Stadien auftretende Symptome nicht beweisend sind, spielt bei der Definition und Zuordnung der Faktor Zeit eine zentrale Rolle. Nach den Kriterien der Centers for Disease Control ist ein Kausalzusammenhang zwischen Lymphknotenvergrößerungen bzw. subjektiven Symptomen einerseits und einer HIV-Infektion andererseits nur dann gegeben, wenn die Veränderungen wenigstens drei Monate anhalten. Das Lymphadenopathie-Syndrom ist definiert als Lymphknotenschwellungen von mindestens 1 cm Größe an mindestens zwei extrainguinalen Lokalisationen für mindestens drei Monate und zusätzlich eine positive HIV-Serologie.

AIDS Related Complex

Zum Aids Related Complex kommt es, wenn weitere konstitutionelle Symptome auftreten, die in Tabelle 2 aufgelistet sind. Neben den subjektiven Symptomen müssen noch zusätzlich mindestens zwei der in Tabelle 2 aufgeführten Laborbefunde nachweisbar sein.

Vollbild AIDS

Opportunistische Infektionen und Kaposi-Sarkom sind charakteristisch

Die klinische Symptomatik des Vollbildes AIDS äußert sich zum einen im Auftreten des Kaposi-Sarkoms an der Haut, zum anderen durch die Beschwerden, die durch opportunistische Infektionen hervorgerufen werden. Hier kommen im Prinzip alle Symptome in Frage, die auf eine Infektion im Bereich von Gehirn, Lunge,

Eine neue Gefahr für alle: Tuberkulose

Angesichts der HIV-Infektion kommt vielen anderen Erregern erneut Bedeutung zu, von denen man glaubte, sie längst „im Griff zu haben". Nicht zuletzt die Tuberkulose wird einen „neuen Frühling" erleben. Darauf wies *Eilke B. Helm,* Frankfurt, auf dem Presseseminar „Aktuelle Themen der Virologie" hin.

Schon im Stadium des Lymphadenopathie-Syndroms werden jetzt vermehrt Tuberkulose-Fälle beobachtet, obwohl zu dieser Zeit, dem Frühstadium von AIDS, schwerwiegende Infektionen nicht so häufig sind. „Das ist sehr wichtig!" betonte Frau *Helm,* „denn AIDS-Patienten haben eine zehnfach höhere Inzidenz verglichen mit der Allgemeinbevölkerung."

Tuberkulose bei HIV-Infektionen häufig

Welche Problematik diese neue Erkenntnis beinhaltet und welche Konsequenzen das haben kann, verdeutlichte sie an einem Beispiel: Was wird passieren, wenn ein tuberkulöser Lehrer mit einem Lymphadenopathie-Syndrom eine halbe Klasse ansteckt? Damit müsse man nun rechnen. (ide)

Darm, Leber und Milz oder Lymphknoten hinweisen. Die Heftigkeit, mit der solche Symptome auftreten, läßt weniger an den Begriff „Warnlampen" denken. Hier liegt das Problem im unzweifelhaften Nachweis des entsprechenden Infektionserregers.

Dermato-venerologische Symptomatik

O. Braun-Falco, M. Fröschl

In allen Stadien der Erkrankung durch das HIV-Virus (Human immunodeficiency virus) kommt es zu einem breiten Spektrum dermato-venerologischer Symptome. Da die HIV-Infektion das Profil einer Geschlechtskrankheit aufweist, kann die frühzeitige Diagnose dazu beitragen, weitere Infektionen möglichst zu vermeiden.

Vor allem bei Patienten mit venerologischen Problemstellungen in der Anamnese sowie beim Auftreten

Tabelle 2: Symptome des AIDS Related Complex (zwei oder mehr der folgenden Symptome).

- Nachtschweiß
- Fieber oder Fieberschübe
- Gewichtsverlust von mehr als 10% des Körpergewichtes
- Durchfall, persistierend, ohne andere Ursache
- Persistierende Lymphknotenschwellungen wie bei LAS
- Haarleukoplakie

Laborbefunde

(zwei oder mehr zur Definition notwendig)

- Anämie oder Leukopenie oder Thrombopenie oder Lymphopenie
- Erhöhung der Gammaglobulinfraktion des Serum-Eiweißes
- Reduktion der T-Helfer-Lymphozyten T-Helfer-/T-Unterdrücker-Lymphozyten-Quotient unter 1,0
- Verminderung der Lymphozytenreaktion auf Mitogene
- Kutane Allergie auf Hauttest-Antigene
- Erhöhte Konzentration zirkulierender Immunkomplexe

AIDS Related Complex, die dritte Stufe

von meist erregerbedingten Erkrankungen in atypischer Ausprägung in einer für diese infektiöse Krankheit nicht typischen Altersgruppe sollte die HIV-Infektion in differentialdiagnostische Erwägungen miteinbezogen werden.

Anamnese: Nach Geschlechtskrankheiten fragen

Die Frage nach zurückliegenden Geschlechtskrankheiten sollte in die Anamnese in jedem Fall mitaufgenommen werden. Bei einem hohen Prozentsatz von HIV-Antikörper-positiven Patienten können serologisch Anzeichen einer durchgemachten Syphilis gefunden werden. Ebenso sind – oft mehrmalige – Gonokokken-Infektionen („Tripper") zu erfragen.

Mykotische, virale und bakterielle Infektionskrankheiten von Haut- und Schleimhäuten bei jungen, sonst scheinbar gesunden Frauen und Männern können ein erster Hinweis auf eine HIV-Infektion sein.

Cave: Haut-Infektionen bei gesunden jungen Menschen

Infektionen durch Pilze

Bei den Pilzerkrankungen kommt dabei den durch den Hefepilz Candida albicans hervorgerufenen Symptomen die größte Bedeutung zu. Mundsoor, in Form von milchig-weißen abstreifbaren Auflagerungen auf Zunge oder Gaumen, ist bei zwanzig- bis vierzigjährigen Menschen an sich selten und tritt in der Regel nur bei Stoffwechselkrankheiten oder nach langdauernder Antibiotika-, Zytostatika- oder Immunsuppressiva-Therapie auf. Eine enterale Candidose oder Candida-Intertrigo ist häufig zusätzlich anzutreffen.

Virale Infektionen

Infektionen mit dem Herpes-simplex-Virus (HSV) sind bei gesunden Menschen durch gruppiert stehende Bläschen auf gerötetem Untergrund im Lippen- oder Genitalbereich mit einer raschen Abheilungstendenz charakterisiert. Bei Patienten, deren Immunsystem durch eine HIV-Infektion geschwächt ist, rezidivieren die Hauterscheinungen in rascher Folge oder persistieren nicht selten. Typisch für Herpes-Infektionen im AIDS-Vorfeld ist die Neigung der Haut- bzw. Schleimhauterscheinungen zu großflächiger Erosion oder gar Ulzeration.

Rezidivierende oder persistierende Virusinfektionen häufig

Trias der Warnlampen

Cave: HIV-Infektion bei Hauterkrankungen mit:
- atypischer Manifestationsform,
- uncharakteristischer Lokalisation und
- in einer ungewöhnlichen Altersstufe

Die durch humane Papillomviren (HPV) hervorgerufenen Condylomata acuminata (spitze Kondylome) zeichnen sich bei HIV-Infektion durch oft massive Aus-

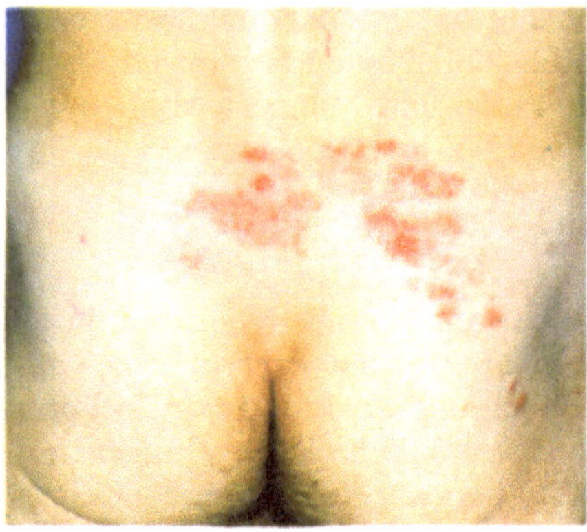

Abb. 1: Ungewöhnlicher, die Medianlinie überschreitender Zoster.

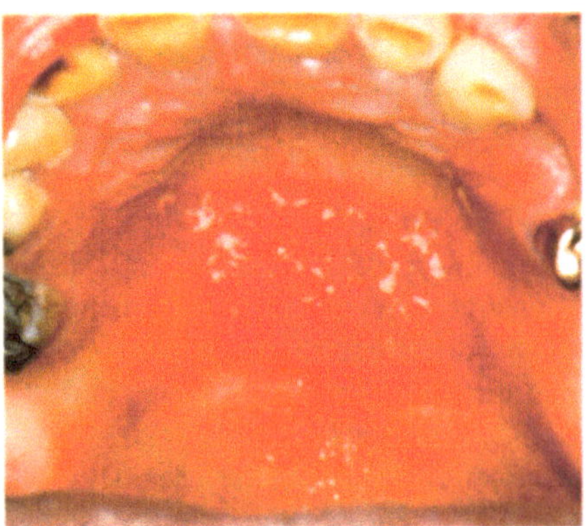

Abb. 2: Hefepilzbefall des Gaumens (Mundsoor).

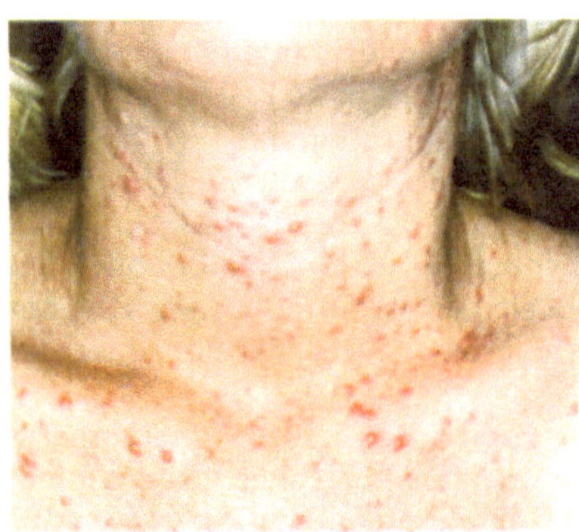

Abb. 3: Akneiformes Exanthem.

saat im Genito-Anal-Bereich mit Therapieresistenz und starker Rezidivneigung aus. Die Abgrenzung von breiten Kondylomen (Condylomata lata) bei sekundärer Syphilis ist wichtig.

Verrucae vulgares (vulgäre Warzen) oder durch ein pockenartiges Quadervirus hervorgerufene Mollusca contagiosa (Dellwarzen) sind typisch für das Kindesalter. Kommen solche Viruserkrankungen bei Erwachsenen in disseminierter Form und atypischer Lokalisation – beispielsweise im Gesicht, am Mons pubis oder in der Genitalregion – vor, so sollte in jedem Fall eine HIV-Infektion in differentialdiagnostische Überlegungen miteinbezogen werden.

Auf Warzen in disseminierter Form und atypischer Lokalisation achten

Mehrsegmentale bis generalisierte Zoster-Erkrankungen bei jungen Erwachsenen sind wiederum eher selten. Sie deuten auf einen Immunmangelzustand hin; bekannt ist Zoster generalisatus bei M. Hodgkin oder lymphatischer Leukämie. Belasten HIV-Antikörper-positive Patienten ihr Immunsystem zusätzlich, z. B. durch extensive Sonnenbestrahlung, sind Gürtelrose-Erkrankungen häufig die Folge.

Weißliche, nicht abstreifbare, haarartige Fortsätze am seitlichen Zungenrand, die sogenannte orale Haarleukoplakie, sind bisher in der Literatur nur im Rahmen des erworbenen Immundefekt-Syndroms und der Vorstadien beschrieben. Auch hier scheint eine virale Genese wahrscheinlich.

Orale Haarleukoplakie: Die Zunge anschauen

Bakterielle Infektionen

Akneartige Hauterscheinungen („akneiformes Exanthem") sind bei zahlreichen AIDS-Vorfeld-Patienten zu beobachten. Nach Abheilen der Pubertätsakne treten Papeln und kleine Pusteln an Brust und Rücken auf; die für die Acne vulgaris typischen Komedonen fehlen jedoch stets.

Nicht-erregerbedingte Hauterkrankungen

Neben erregerbedingten Haut- und Schleimhauterkrankungen gibt es einige weitere dermatologische Erkrankungen, die in den einzelnen Phasen einer HIV-Infektion zu beobachten sind.

Rötelnähnliches Exanthem bei akuter HIV-Krankheit

Das akute Initialstadium, die sogenannte akute HIV-Krankheit, wenige Tage bis Wochen nach der Infektion, bei der noch keine Antikörper gegen HIV nachweisbar sind, weist neben grippeähnlicher interner Symptomatik auch rötelnähnliche Exantheme auf.

Ein häufiges dermatologisches Symptom – ansonsten eher im höheren Lebensalter anzutreffen – ist das seborrhoische Ekzem. Gelblich schuppende Erytheme im Gesicht und am Kapillitium stören die Patienten häufig kosmetisch.

Weitere Symptome können disseminierte Teleangiektasien, ein starker androgenetischer oder diffuser Haarausfall sowie die Provokation einer Psoriasis vulgaris sein.

Die Trias: atypische Manifestationsform, uncharakteristische Lokalisation und ungewöhnliche Altersstufe bei Hauterkrankungen sollte dazu führen, an eine HIV-Infektion zu denken. Dermato-venerologische Warnsignale können dabei eine entscheidende Hilfe bei der Diagnose sein.

Das Gespräch vor dem HIV-Antikörper-Test

M. Fröschl, G. Hutner

Antikörper-Test: Mehr als ein medizinisches Problem

Die Diagnostik der HIV-(Human immunodeficiency virus-)Infektion ist mit der Möglichkeit des Antikörpernachweises wesentlich erleichtert. Es wurde jedoch rasch deutlich, daß neben den medizinischen Problemstellungen auch erhebliche seelische Belastungen durch ein positives Testergebnis hervorgerufen werden können. Daher kommt einem aufklärenden Gespräch *vor* dem Test eine große Bedeutung zu.

Es gibt keinen „AIDS-Test“

Der Patient sollte dabei zunächst befähigt werden, die Aussagekraft des HIV-Antikörper-Tests richtig einzuschätzen. Ein positiver Testausfall besagt lediglich, daß eine Infektion mit dem Virus stattgefunden hat; es kann keineswegs auf das Vorliegen einer voll ausgeprägten AIDS-Erkrankung geschlossen werden. In der Regel befinden sich die Patienten bei Feststellung des positiven Antikörperstatus sogar im teilweise symptomlosen Vorstadium der Erkrankung. Der Betreffende muß zudem wissen, daß er seine Sexualpartner anstecken kann.

Positives Test-Ergebnis heißt nicht AIDS-krank

Erst Risiko abschätzen

Um das individuelle Risiko einer Infektion beurteilen zu können, ist eine sorgfältige Anamneseerhebung von Wichtigkeit. Die Frage nach häufig wechselnden Sexualpartnern oder homosexuellem risikohaften Verkehr in den letzten Jahren sollte in die Sexualanamnese miteinbezogen werden. Bluttransfusionen vor Oktober 1985 oder eine substitutionspflichtige Hämophilie können ein erhöhtes Risiko für eine HIV-Infektion bedeuten. Das gemeinsame Benutzen von Injektionsnadeln bei i.v. Drogenabhängigen ist bei den Fixern der wahrscheinlichste Ansteckungsweg. Ergibt sich anamnestisch der Hinweis auf risikohaftes Verhalten oder ein Infektionsrisiko in der Vergangenheit, so ist es besonders notwendig, vor dem Test alle Aspekte eines positiven und negativen Testausfalls eingehend zu erörtern.

Anamnese vor dem Test

Konsequenzen diskutieren

Die Mitteilung des Ergebnisses „HIV-Antikörper-positiv" führt für den einzelnen erfahrungsgemäß zu einer erheblichen seelischen Belastung. Ängste, sozialer Rückzug und Depression bis hin zu Suizidalität können die Folge sein. Es resultiert zudem das Gefühl einer permanenten, jedoch nicht genau zu definierenden Lebensbedrohung. Der Patient sollte sich vor dem Test in der Lage glauben, dieser Situation gewachsen zu sein. Das Wissen um mögliche Gesprächspartner, die helfen, dieses Ergebnis zu verarbeiten, könnte den Betreffenden stützen.

Seelische Belastung

Kassen zahlen Test im ärztlichen Verdachtsfall

Antikörper-Test: Wer zahlt?

Hält der Arzt im Verdachtsfall einen Antikörper-Test für notwendig, werden die Kosten von den Krankenkassen übernommen. Bislang hat sich nur die AOK Augsburg bereit erklärt, den Test – auch bei unauffälliger Anamnese – zu bezahlen.

Auch führen viele Gesundheitsämter in der Bundesrepublik die Tests kostenlos durch. Es empfiehlt sich, da die Regelung uneinheitlich ist, beim jeweils zuständigen Amt nachzufragen. (br)

Ein negatives Testergebnis wird meist zunächst zu einer großen Erleichterung führen. Jedoch bedeutet dies in keiner Weise einen „Freifahrschein"; der Patient muß wissen, daß es dann darauf ankommt, in Zukunft eine Infektion zu vermeiden. Bei weiterem risikohaften Verhalten kann es jederzeit zu einer Ansteckung kommen.

Negatives Testergebnis ist kein „Freifahrtschein"

Was Sie Ihrem Patienten vor dem Test sagen sollten

Ein positives Ergebnis bedeutet:
- nicht automatisch AIDS-krank
- der Patient kann andere Personen durch Risikokontakte infizieren
- eine infizierte Schwangere überträgt HIV auf ihr Kind
- es sollten weder Blut, Sperma noch Organe gespendet werden
- eine Prognose über den weiteren Verlauf der Infektion ist derzeit nicht möglich

Empfehlungen zur Gesprächsführung

Der Patient muß die Entscheidung treffen. Folgende Fragen helfen dabei:
- Was würde ein positives Ergebnis für die Lebenssituation bedeuten?
- Besteht psychosoziale Unterstützung durch Partner, Freunde, Familie?
- Ist die Unsicherheit, wenn der Test unterbleibt, belastender als das mögliche positive Ergebnis?
- Welche Konsequenzen sind für das Sexualverhalten zu ziehen?

HIV-Test ist ohne Zustimmung des Patienten rechtswidrig

Stimmt der Patient einer Blutentnahme zu, gibt er damit auch sein Einverständnis, daß alle medizinisch indizierten Tests – ohne detaillierte Aufklärung – durchgeführt werden. Anders sieht es jedoch bei einem Test zum Nachweis einer HIV-Infektion aus: „Beabsichtigt der Arzt, bei der Blutentnahme auch einen derartigen Test durchzuführen, und handelt er dabei ohne oder gegen den Willen seines Patienten, so ist er wegen Körperverletzung strafbar", stellt *J. Theyssen* vom Juristischen Seminar der Universität Göttingen im Gespräch mit der MMW fest. Auch wenn der Test erst nachträglich angeordnet wird, wenn also nach anderen Untersuchungen der HIV-Test zur Diagnosestellung „angehängt" wird, ist der Test nach Juristenaussage rechtswidrig: „Der Arzt ist Schmerzensgeldansprüchen ausgesetzt", so *Theyssen.*

Die Besonderheit des HIV-Tests und damit die Aufklärungspflicht des Arztes – auch über ein positives Ergebnis – basiert nach Meinung der Göttinger Juristen auf der Tatsache, daß viele Patienten den Test fürchten und ablehnen und eine generelle Einwilligung zu dieser Untersuchung daher nicht vorausgesetzt werden kann. Ebenso stehe die physische und psychische Belastung eines Patienten, die mit dem aufgedrängten Wissen um ein positives Testergebnis verbunden sei, in keinem Verhältnis zum therapeutischen Nutzen eines solchen Eingriffs. Ebensowenig führe der Test zu einem effektiven Schutz für Arzt und Pflegepersonal. (br)

Die vollständige Argumentation von *J. Theyssen* und *M. Perels* wurde in der MMW als Originalarbeit veröffentlicht. Münch. med. Wschr. 129 (1987) 376.

Besonderheit des Tests auf HIV-Antikörper bedingt Aufklärungspflicht

Unsicherheit schwer zu ertragen

Ebenso könnte eine Entscheidung gegen den Test mit erheblichen Spannungszuständen für den einzelnen verknüpft sein. Die Ungewißheit über den persönlichen Antikörperstatus – negativ oder positiv – ist gelegentlich schwerer als ein positiver Test zu ertragen. Die dauernde Suche nach Symptomen ist bei diesen Patienten, wie auch bei HIV-Antikörper-positiven Personen, nicht selten zu beobachten.

Test kann angstlösend sein

Liegt kein oder nur ein sehr geringes Infektionsrisiko vor, kann die Durchführung eines Antikörper-Tests bei ängstlichen Personen durchaus angstlösend sein, aber auch in Ausnahmefällen dazu führen, auf die wiederholte Durchführung des Tests zu drängen, da der Patient sich sicher angesteckt glaubt. Dies kann – als Maximalvariante – bis zur „AIDS-Phobie" führen.

Beratung soll Entscheidungshilfe bringen

Bei einer Entscheidung gegen den Test bei Infektionsrisiko muß der Betreffende darauf hingewiesen werden, daß er sich in Zukunft so zu verhalten hat, als sei er positiv.

Die Beratung vor dem Test sollte den einzelnen zu einer individuellen Entscheidungsfindung und größtmöglicher Eigenverantwortung befähigen. Es bleibt zu bedenken, daß das Ergebnis dieser medizinischen Untersuchung mit weitreichenden psychischen Belastungen für den Betroffenen einhergehen kann und daher mit üblichen serologischen Tests nur schwer vergleichbar ist.

Wertigkeit des HIV-Testsystems

L. Gürtler

Screening-Verfahren und Bestätigungs-Tests

Der Nachweis einer HIV-Infektion wird im Screening-Verfahren über die Bestimmung von Antikörpern geführt. Hierfür stehen verschiedene kommerzielle ELISA-Tests zur Verfügung. Zur Bestätigung eines reaktiven Testergebnisses werden verschiedene Methoden, zumeist jedoch der Western-Blot-Test, eingesetzt. Auch die Erreger-Anzucht sowie der Antigen-Nachweis sind möglich. Die Bestätigungs-Tests sind nicht kommerziell verfügbar und müssen daher von Speziallabors durchgeführt werden.

Antikörper-Suchtest

Die HIV-Antikörperbestimmung ist in den heutigen Tests so eingestellt, daß auch sehr geringe Mengen von anti-HIV erkannt werden können. Diese hohe Anforderung an die Empfindlichkeit wird erkauft mit einem relativ hohen Maß von unspezifischen Signalen.

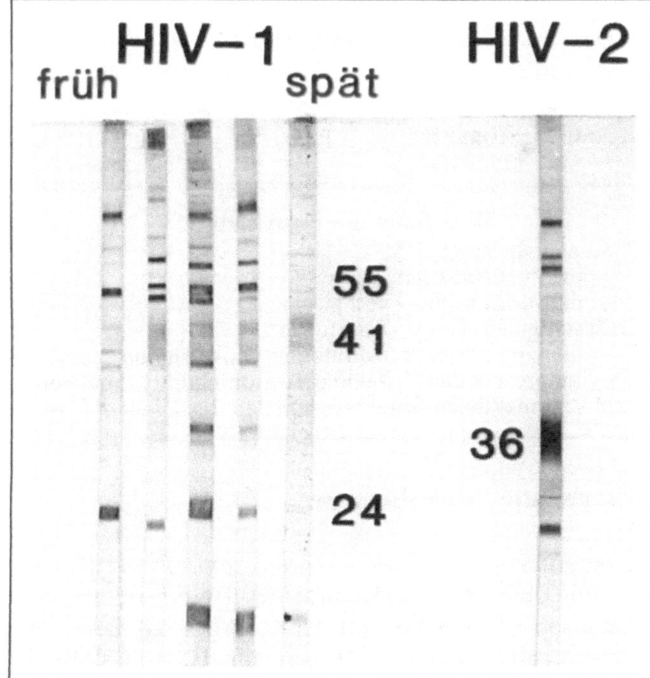

Western-Blot – der häufigste Bestätigungs-Test

Western-Blot, der häufigste Bestätigungstest eines reaktiven ELISA-Tests. HIV-Proteine werden der Größe nach in einem Gel aufgetrennt und auf Spezialpapier übertragen. Die Zahlen markieren das Molekulargewicht bestimmter HIV-Proteine von Virushülle und Core. Falls Antikörper im Serum vorhanden sind, lagern sie sich an die entsprechenden Virusantigene und werden bei einer Nachbehandlung als charakteristische Banden sichtbar. Der 1. Streifen zeigt die Reaktion kurz nach der Infektion. Die Streifen 2 und 3 spiegeln den Antikörper-Status nach 6 bis 12 Monaten, der Streifen 4 nach 2 bis 3 Jahren wider. Streifen 5 zeigt das Ergebnis beim vollentwickelten Syndrom: Aufgrund des Immundefektes sind Antikörper kaum noch nachweisbar. Der 6. Streifen zeigt das charakteristische Muster einer Infektion mit HIV-2.

Test-Tandem erforderlich

Deswegen wird für jeden durchgeführten ELISA eine Bestätigungsreaktion verlangt, wenn ein reaktives Ergebnis erhalten wurde. Da mit diesem Test Antikörper nachgewiesen werden, die erst nach Eintritt des Virus in den Körper gebildet werden, kann dieser Test in der frü-

Antikörper treten drei Wochen bis drei Monate nach einer Infektion auf

hen Inkubationszeit nicht ansprechen. Die Zeit vom Eintritt des Virus in den Körper bis zum Auftreten meßbarer Antikörperspiegel liegt zwischen 3 Wochen und 3 Monaten, in Extremfällen (immunsuppressive Therapie) bei 13 Monaten.

Wer führt die Tests durch?

1. Screening-Test
   - alle medizinischen Labors
   - alle Institute für Virologie
2. Bestätigungs-Test (Western-Blot)
   - alle virologischen Institute der Universitäten

Das Labor, das den Screening-Test durchführt, kümmert sich – bei reaktivem Ergebnis – um den Bestätigungs-Test.

Test gestattet keine Prognose

Verlauf der Erkrankung gelegentlich am Western-Blot ablesbar

Die Aussage des Tests kann nur sein, ob der Körper sich mit dem HIV auseinandergesetzt hat oder nicht. Prognosen für den Verlauf der Infektion können nicht gemacht werden; dies ist nur manchmal über das Muster im Western-Blot möglich.

Wenn ein HIV-Antikörpertest positiv ist, heißt dies, daß der Träger das Virus in seinen Zellen hat. Wenn der anti-HIV-Test negativ ist, kann eine Virusinfektion solange nicht ausgeschlossen werden, solange nicht sichergestellt ist, daß der Risikokontakt wenigstens 8 Wochen zurückliegt.

Falsch-positive und falsch-negative Resultate möglich

Falsch-negative Ergebnisse liegen zwischen 1 und 5% bei kritischen Seren

Falsch-positive Ergebnisse im ELISA kommen vor durch Immunkomplexe, Rheumafaktoren, HLA-Antikörper, andere akute Infekte und Kälteagglutinine. Falsch-negative Reaktionen sind zu erwarten bei sogenannten Nonrespondern; dies ist bei einer Infektionskrankheit extrem selten. Je nach Patienten-Serum und Testhersteller schwankt die Anzahl der falsch-negativen Ergebnisse zwischen 1 und 5% bei kritischen Seren.

Nachweis einer Infektion mit HIV 2

Zum Nachweis von Antikörpern gegen HIV 2 stehen zur Zeit noch keine kommerziellen Tests zur Verfügung. In einigen Fällen wird HIV 2 jedoch auch vom konventionellen Screening-Test erfaßt. Nach derzeitigem epidemiologischen Stand ist eine Untersuchung auf HIV-2-Antikörper nur bei Risikokontakten mit Westafrikanern indiziert. Derartige Tests werden von den virologischen Instituten der Universitäten Berlin und München sowie dem Paul-Ehrlich-Institut in Frankfurt durchgeführt.

Kommerzielle Tests auf HIV-2-Antikörper bald verfügbar

Antigen-Nachweis

Neben den Antikörpern ist auch das HIV als Antigen im Serum vorhanden und kann bestimmt werden. Im Gegensatz zum Hepatitis-B-Virus sind die Konzentrationen jedoch sehr gering. Die zur Virus-Antigenbestimmung verwendeten Tests sind deshalb auf extreme Empfindlichkeit ausgerichtet, und damit ergeben sich die Probleme der Unspezifizität. Hohe Viruskonzentrationen sind nur im Spätstadium der Infektion zu erwarten, wenn der Körper mit Viren überschwemmt wird und das Immunsystem defizient ist.

Die Korrelation zwischen Antigentest und der Virusisolierung ist sehr schlecht. Die Wertigkeit des Antigentests wird derzeit in verschiedenen Studien geprüft, und für eine Aussage müssen diese Ergebnisse abgewartet werden. Eines kann jedoch schon heute festgestellt werden: wenn der Antigentest negativ ist, heißt dies nicht, daß kein Virus im Körper vorhanden ist.

Negativer Antigen-Test: Trotzdem Infektion nicht auszuschließen

Test-Ergebnis positiv: Den Patienten nicht allein lassen

S. Zippel

Der Laborbefund „HIV-Antikörper positiv“ bedeutet für den Betroffenen nicht nur eine Bedrohung der

Positives Testergebnis und ärztliche Schweigepflicht

Betroffene sollten Partner selbst informieren

Auch Arzt kann Ehefrau informieren

Ein positives Testergebnis bedeutet auch immer eine Gefährdung des Sexualpartners dieses Patienten. „Zunächst sollte der Arzt darauf hinwirken, daß der Betroffene seinen Partner informiert, um diesen zu schützen", stellt Prof. *W. Spann,* München, im Gespräch mit der MMW fest. Sollte der Patient dieser Empfehlung nicht nachkommen, ist der Arzt – nach Abwägung der Rechtsgüter – ermächtigt, etwa die Ehefrau eines Virusträgers zu informieren. Dies stellt keine unbefugte Verletzung der Schweigepflicht dar. Ein Tip des Rechtsmediziners: „Der Arzt sollte sich jedoch auf jeden Fall eine Notiz in seinen Unterlagen über die Beweggründe machen, die ihn dazu veranlaßt haben, die Schweigepflicht aufzuheben." (br)

physischen Existenz, sondern auch des psychischen und sozialen Lebens. Die konkrete Situation des Infizierten verändert sich in den verschiedensten Lebensbereichen schlagartig. Aus bereits bestehenden oder mühsam verdrängten Konflikten entwickeln sich nun ganze Problembereiche, die zu erheblichen Belastungen des einzelnen und seiner Umwelt führen können.

Aus diesem Grund ist es besonders wichtig, vor dem Test ein intensives Gespräch mit dem Patienten zu führen, in dem versucht werden sollte, die Belastungsfähigkeit und das soziale Auffangnetz des Patienten abzuklären. Je besser das Aufklärungsgespräch vor dem Test ist, desto angemessener wird der Patient das Testergebnis bewältigen können.

Cave: Suizidgefahr

Ein Schock ist positives Test-Ergebnis immer

Selbst das beste Vorgespräch verhindert aber nicht, daß der Patient einen Schock erleiden und suizidgefährdet sein kann, wenn er die Diagnose „Test positiv" erfährt. Es ist deshalb wichtig, daß der niedergelassene

Arzt jedes Testergebnis, egal ob positiv oder negativ, seinem Patienten persönlich mitteilt. Auch der Test-Negative sollte vom Arzt über sinnvolle Verhaltensänderungen und Schutzmaßnahmen, z. B. bezüglich des Geschlechtsverkehrs, unterrichtet werden.

Zeit nehmen zum Gespräch

Die Besprechung des positiven Testergebnisses und der damit verbundenen Konsequenzen darf nicht unter Zeitdruck stattfinden. Der wichtigste Grundsatz im Umgang mit Testpositiven muß deshalb für den Arzt lauten: *Zeit haben!* Es ist daher sinnvoll, dem Patienten einen Termin am Ende der Sprechstunde zu geben.

Termin am Ende der Sprechstunde

Der Arzt kann mithelfen, dem Test-Positiven den Umgang mit den verschiedenen persönlichen, medizinischen und psychosozialen Problembereichen zu erleichtern. Dabei sollte berücksichtigt werden, daß der Test-Positive durch das Ergebnis häufig zum ersten Mal direkt mit der Begrenztheit seiner eigenen menschlichen Existenz konfrontiert wird. Der Gedanke von *Freud,* „im Unbewußten ist jeder von uns von seiner eigenen Unsterblichkeit überzeugt", wird hier für den Betroffenen in seinen Grundfesten erschüttert. In diesem Zusammenhang ist es notwendig, darauf hinzuweisen, daß sich auch der Arzt über seine Einstellung zu Sterben und Tod bewußt wird. Erlebt er den Tod als zu bedrohlich, wird er dem Betroffenen kaum angemessen beistehen und nur mit Abwehr reagieren können.

Hohes Maß an Empathie erforderlich

Für die Diskussion des Testergebnisses muß der Arzt ein hohes Maß an Empathie besitzen, d. h., er muß sich verständnisvoll auf seinen Patienten einlassen können, ihm zuhören und darauf verzichten, ihm sofort Ratschläge zu erteilen oder sogar Vorhaltungen zu machen.

Zuhören, nicht Ratschläge geben

Für die erste Bewältigung hat es sich bis jetzt als sehr hilfreich erwiesen, dem Betroffenen die Möglichkeit zu geben, sich auszusprechen und Näheres über die Bedeutung des Befundes zu erfahren. Der Test-Positive ver-

Medizinische Information zum Test-Ergebnis

Was Sie Ihrem Patienten über die medizinische Bedeutung eines positiven Tests sagen können

Wurden in einer Blutprobe sowohl im ELISA als auch im Bestätigungstest Antikörper gegen HIV nachgewiesen, bedeutet dies nach dem gegenwärtigen Wissensstand:

- Der Patient ist mit HIV infiziert.
- Der Patient wird vermutlich sein Leben lang infiziert sein. Bislang wurde kein Fall einer spontanen Viruselimination dokumentiert.
- Gleichgültig, ob der Patient symptomfrei oder krank ist, muß davon ausgegangen werden, daß er andere Personen durch Geschlechtsverkehr und den Tausch von Injektionskanülen bei i.v. Drogenabusus infizieren kann. Daher sind entsprechende Verhaltensmodifikationen („Safer sex") notwendig. Der Sexualpartner sowie behandelnde Ärzte sollten informiert werden.
- Der Patient sollte kein Blut und keine Organe spenden.
- Frauen sollten Kontrazeption betreiben, da bei einer Schwangerschaft HIV sowohl pränatal als auch perinatal auf das Kind übertragen werden kann.
- Ein positiver Test ist nicht gleichbedeutend mit AIDS-krank. Bislang wird geschätzt, daß 30 bis 50% der HIV-positiven Menschen AIDS entwickeln werden. Genaue Aussagen können wegen fehlender Verlaufsbeobachtungen und der noch kurzen Beobachtungszeit nicht gemacht werden.
- Zum gegenwärtigen Zeitpunkt kann nicht beurteilt werden, welche infizierten Menschen an AIDS erkranken werden.

liert mit der Diagnose „HIV-Antikörper-positiv" einen großen Teil seiner Zukunftsperspektiven. Dabei ist besonders zu bedenken, daß die überwiegende Mehrzahl der Betroffenen sich in einem Lebensabschnitt befindet, in dem sie eine berufliche Karriere beginnen bzw. ausbauen.

Eigeninitiative fördern

Es würde den Rahmen eines Erstgespräches sprengen, würde der Arzt versuchen, mit dem Patienten eine Neudefinition von Lebenssinn und -perspektive zu erarbeiten. Es sollte aber eruiert werden, ob und wie eine Umstrukturierung möglich ist. Notwendig ist es dabei, daß der Test-Positive im Laufe des Gespräches Eigeninitiative entwickelt. Die Beratung muß sich an den Bedürfnissen des einzelnen Test-Positiven orientieren. Im Mittelpunkt sollte aber der Wunsch stehen, die Eigenkompetenz zu stärken, damit der Test-Positive eigenverantwortlich seine Entscheidungen treffen kann. Dazu ist es notwendig, daß der Arzt dem Betroffenen klare Informationen über die Bedeutung des Befundes geben und ihm Hilfsangebote, z. B. Selbsthilfegruppen der AIDS-Hilfe (Adressenliste siehe Anhang), psychologische Hilfsangebote nennen kann.

Der Patient muß Eigeninitiative entwickeln

Hilfsangebote nennen

Der niedergelassene Arzt muß Hauptbezugspunkt bleiben

Keinesfalls darf dabei beim Test-Positiven der Eindruck entstehen, als nehme ihn der Arzt mit seinen Ängsten nicht ernst und wolle ihn nur abschieben. Der niedergelassene Arzt sollte Hauptbezugspunkt des Test-Positiven sein. Das bedeutet für den Arzt: Den Patienten nicht allein lassen.

Medizinische Betreuung des HIV-infizierten Patienten

F. D. Goebel, J. Bogner

Mit der zunehmenden Ausbreitung der HIV-Infektion wird auch die Zahl der infizierten Patienten bei niedergelassenen Ärzten zunehmen. Zunächst ist für die Definition „Test positiv" zu fordern, daß aus mindestens zwei verschiedenen Blutproben der HIV-Antikörpertest im Screening-Test positiv ausfällt und in mindestens einer der beiden Blutproben im Bestätigungstest (Immunfluoreszenztest oder Western Blot) Antikörper nachweisbar sind. Bei Vorliegen dieser Testergebnisse ist von einem Infektionsstatus des Patienten auszugehen.

Anamnese und körperliche Untersuchung

Wichtiger Parameter: Gewichtsverlust

Symptome sorgfältig dokumentieren

Bei allen Patienten werden eine Anamnese und eine körperliche Untersuchung durchgeführt. Für die Betreuung von HIV-positiven Patienten gelten prinzipiell alle Regeln invasiver Untersuchungen, z. B. für Leberbiopsie, Knochenmarkspunktion, Lymphknotenexstirpation usw. Die Anamnese zielt unter anderem darauf ab, zu ermitteln, inwieweit ein Patient zu den Hochrisikogruppen gehört und ob Vorerkrankungen besonders aus dem Bereich sexuell übertragbarer Infektionen vorliegen. Die weitere Anamnese erstreckt sich auf Symptome, die im Zusammenhang mit einer HIV-Infektion auftreten können und im Beitrag unter „Warnlampen" aufgezählt worden sind (vgl. S. 31). Die körperliche Untersuchung sollte einige Besonderheiten berücksichtigen: Bei Gewichtsverlust, Diagnosekriterium des AIDS Related Complex, sollte der Patient bei der Erstvorstellung auf der Arztwaage gewogen und das Gewicht notiert werden. Für den weiteren Verlauf und vor allem die Prognose sehr hochwertige Symptome müssen sorgfältig gesucht und dokumentiert werden. Dazu gehören Mundsoor, Haarleukoplakie an den Seiten der Zunge und vor allem die genaue Bestimmung des Lymphkno-

Besondere Schwerpunkte der körperlichen Untersuchung

- bei Gewichtsverlust das Gewicht dokumentieren
- Beobachtung, ob Mundsoor und Haarleukoplakie an den Seiten der Zunge auftreten
- genaue Bestimmung des Lymphknotenstatus
- auf Hautveränderungen achten

tenstatus. Zahl, Größe und Region tastbarer Lymphknoten müssen detailliert registriert werden. Größenzunahme von Lymphknoten könnte einen Hinweis auf eine opportunistische Infektion oder ein Lymphom darstellen, das Verschwinden früher getasteter Lymphknoten ist oft ein dringender Hinweis auf die Entwicklung des Immundefektes. Nach wichtigen, oft sehr diskreten Hautveränderungen muß gefahndet werden (vgl. S. 30).

Nach diskreten Hautveränderungen fahnden

Laboruntersuchungen

Nach der Erkennung der HIV-Infektion zielt die Laboruntersuchung auf die Quantifizierung eines eventuell vorhandenen Immundefektes. Ohne Beschwerden im Sinne HIV-assoziierter Krankheitsbilder führen wir Routineuntersuchungen im Abstand von 6 Monaten durch. Den wichtigsten Laborparameter stellt die absolute Zahl der T-Helferlymphozyten dar. Diese wird aus dem prozentualen Anteil der Helferlymphozyten und der absoluten Lymphozythenzahl aus dem Differentialblutbild errechnet. Die Bestimmung der Lymphozytensubsets und des Differentialblutbildes muß unbedingt an demselben Tage erfolgen, da sonst keine zuverlässigen Zahlen ermittelt werden. Darüber hinaus sollten im Differentialblutbild mindestens 200 Zellen ausgezählt werden. Die Beurteilung der kutanen Anergie mit Hilfe des Multitests Merieux hat Tücken: mindestens 30 Minuten vor seiner Anwendung sollte der Test aus dem Kühlschrank genommen werden, der Teststempel mindestens 10 Sekunden fest auf die Haut gedrückt werden und sichtbare Testflüssigkeit sollte antrocknen und nicht abgewischt werden.

Wichtig: Absolute Zahl der T-Helfer-Lymphozyten

Routineuntersuchungen des asymptomatischen Patienten

- 2mal jährlich Laboruntersuchung
  - großes Blutbild
  - Thrombozyten
  - Leberenzyme
  - Serumelektrophorese
  - Immunglobuline quantitativ
  - Urinstatus
  - Hepatitisserologie
  - Luesserologie
  - Lymphozyten-Subsets
  - Multitest Merieux
- 2mal jährlich Oberbauchsonographie
- 1mal jährlich Röntgenthoraxaufnahme

Technische Untersuchungen

Als technische Routineuntersuchungen empfehlen wir einmal jährlich eine Röntgenthoraxaufnahme in zwei Ebenen sowie zweimal jährlich eine Oberbauchsonographie zur Beurteilung von Leber- und Milzgröße sowie zur Erkennung paraaortaler Lymphknoten. Diese Routineuntersuchungen gelten für Patienten ohne Symptomatik. Allerdings bekommen nach der Mitteilung einer HIV-Infektion an den Patienten alle körperlichen Beschwerden eine andere Dimension: Früher kaum beachtete Temperaturerhöhungen, Durchfall oder Husten werden von den Patienten verständlicherweise oft als Anfang vom Ende gedeutet. So ist der Arzt nicht nur als Mediziner, sondern vor allem als ärztlicher Betreuer gefordert. Die Differenzierung zwischen harmlosen Beschwerden, psychosomatischen Manifestationen und ernsthaften Zeichen des beginnenden Immundefektes kann im Einzelfalle sehr schwierig sein. In diesen Situationen hat sich die Zusammenarbeit mit niedergelassenen Ärzten oder Kliniken, die bereits mehr Erfahrung mit dem Krankheitsbild gesammelt haben, sehr bewährt. Für eventuelle Ratschläge stehen auch Kollegen der Medizinischen Poliklinik der Universität München

Alle, auch harmlose, Symptome haben für den Patienten eine andere Dimension

Zusammenarbeit zwischen niedergelassenem Arzt und Klinik ist wichtig

(Tel. 0 89/51 60-35 50) sowie alle anderen Ansprechpartner der Liste im Anhang zur Verfügung. Mit zunehmender Symptomatik, insbesondere wenn invasive Untersuchungstechniken notwendig erscheinen, sollte der Patient in ein dafür geeignetes Zentrum überwiesen werden. Eine zumindest grobe Einteilung in die verschiedenen Krankheitsstadien (symptomlose HIV-Infektion, Lymphadenopathiesyndrom, AIDS Related Complex, Vollbild von AIDS) erleichtert in manchen Situationen diagnostische oder therapeutische Entscheidungen.

Stadieneinteilung erleichtert diagnostische und therapeutische Entscheidung

Patient sollte weitere Noxen vermeiden

Im Verlaufe der Betreuung werden die Patienten immer wieder nach Möglichkeiten der Behandlung fragen. Im Augenblick ist nur eine Behandlung opportunistischer Infektionen und des Kaposi-Sarkoms bzw. des malignen Lymphoms möglich, nicht jedoch der zugrundeliegenden HIV-Infektion bzw. des Immundefektes. Um so mehr muß der Patient angehalten werden, weitere Noxen zu verhindern, wie z. B. wiederholte HIV-Expositionen und andere vielleicht vermeidbare Infektionskrankheiten. Wichtig erscheint auch die wiederholte Information des Patienten durch den Arzt über:

Tips für die Lebensgestaltung

1. die Tatsache der HIV-Infektion,
2. seine Infektiosität,
3. den Verbreitungsweg des Virus,
4. die Tatsache, daß es klinisch gesunde Virusträger gibt.

Nicht nur der Patient, auch der einzelne Arzt muß dazu beitragen, daß die Virusinfektion nicht weitergegeben wird.

AIDS-Prophylaxe in Krankenhaus und Praxis

Empfehlungen des Arbeitskreises für Krankenhaushygiene

H. Rudolph, H.-P. Werner

Die Übertragung und deren Verhütung

Die Übertragung erfolgt durch infizierte Zellen oder freie Viren. Epidemiologisch gesichert ist bisher nur die Übertragung durch Sperma, Blut und Vaginalsekret. Nicht bewiesen ist die Übertragung durch andere Körperflüssigkeiten wie z. B. durch unblutigen Urin, Muttermilch, Erbrochenes.

Infektionsrisiko steigt mit der Menge des eingebrachten Virus-Materials

Bei den üblichen sozialen Kontakten (Händeschütteln) und über Tröpfcheninfektion (Niesen, Husten, Sprechen) sowie durch berührte Gegenstände ist eine Übertragung bisher nicht nachgewiesen worden, obwohl HIV auf Oberflächen bis zu 7 Tagen vermehrungsfähig sind. Im medizinischen Bereich ist für eine Infektion die Inkorporation in die Blutbahn wesentlich: dabei steigt das Infektionsrisiko mit der Menge des eingebrachten Materials.

HIV-Träger müssen nicht isoliert werden – es sei denn zum eigenen Schutz

Für den Aufenthalt bekannter HIV-infizierter Patienten in Krankenhaus und Praxis sind hinsichtlich des Schutzes anderer Personen zur Verhütung einer HIV-Übertragung keine besonderen Maßnahmen erforderlich. HIV-positiv heißt nicht, daß dieser Patient isoliert werden muß.

Aufgrund der Immunschwäche kann jedoch die räumliche Isolierung eines Patienten zu seinem eigenen Schutz nötig werden. Eine Isolierung HIV-positiver Patienten zum Schutz der Umgebung vor einer HIV-Übertragung ist nicht erforderlich, kann aber aus anderen Gründen angezeigt sein (z. B. Mykobakterien-Infektion, psychiatrische Krankheitsbilder).

Alle Maßnahmen sind primär darauf auszurichten,

HIV-Konzentration in Körperflüssigkeiten (nach L. Gürtler)

stark ↓ schwach

- Blut
- Ejakulat
- Liquor
- Vaginal-/Zervikalsekret
- Urin
- Stuhl (kaum Überlebenschancen für HIV durch vorhandene Bakterien)
- Speichel
- Tränen
- Schweiß

daß eine Kontamination mit Blut und Serum verhindert wird. Kontaminierte Oberflächen, Instrumente etc. sind nach gesicherten Verfahren zu desinfizieren.

Kontaminationsschutz

Zum Schutz vor einer Kontamination des Personals mit Blut, Serum und Sperma sind insbesondere folgende Punkte zu beachten.

Einweg-Handschuhe tragen

Es sind Methoden zu wählen, die von vornherein eine Verschmutzung mit Blut verhindern.

Bei Blutabnahmen und ähnlichen Arbeiten sind flüssigkeitsdichte Einweghandschuhe zu tragen.

Wenn eine Verschmutzung mit kontaminiertem Blut zu erwarten ist, ist ein flüssigkeitsdichter Kittel zu tragen.

Einweg-Blutsenkungsröhrchen garantieren größte Sicherheit.

Kanülen dürfen nach Gebrauch nicht in ihre Schutzhüllen zurückgesteckt werden. Sie müssen offen in stich- und bruchfeste Behälter abgelegt werden, die als infektiöses Material zu entsorgen sind.

Niemals dürfen spitze Gegenstände ungeschützt in Plastiksäcken entsorgt werden. Eine Verletzung des Transportpersonals muß ausgeschlossen werden.

Gesichtsmasken (die Mund und Nase verdecken) sowie ein Augenschutz (evtl. Schirm) sind immer dann zu

Desinfektionsmaßnahmen

Thermische Desinfektionsverfahren (10 min/93°C) mit gleichzeitiger Reinigung im geschlossenen System sind einer chemischen Instrumentendesinfektion vorzuziehen, weil dadurch die Gefährdung des Personals verringert wird.

Erst Desinfektion

Keinesfalls darf eine mechanische Reinigung von Instrumenten *vor* Desinfektion erfolgen.

HIV ist durchaus empfindlich gegen die meisten Desinfektionswirkstoffe. Gesichert wirksam unter der Belastung mit Blut und anderen Körperflüssigkeiten sind Aldehyde und Aldehydgemische. Sie sind zur chemischen Instrumenten- und zur Flächendesinfektion zu empfehlen.

Händewaschen mit Produkten auf Alkoholbasis

Präparate auf Alkoholbasis (70 bis 80 Vol.%) sind als Einreibpräparate für die *Hygienische Händedesinfektion* zu empfehlen. Für die Flächendesinfektion dürfen sie nur auf kleinen Flächen eingesetzt werden (Explosionsgefahr).

Die vorgeschriebenen Konzentrationen und Einwirkungszeiten sind zu beachten.

Flächen mit aldehydischen Produkten reinigen

Gezielte Flächendesinfektionsmaßnahmen mit aldehydischen Präparaten sind bei jeder Verschmutzung mit Blut und Körperflüssigkeiten erforderlich.

Bei diesen Arbeiten sind Handschuhe zu tragen.

Nach Hautverschmutzung ist eine sofortige mechanische Reinigung und anschließende Desinfektion mit alkoholischen Einreibpräparaten erforderlich.

Verschmutzte und blutbefleckte Wäsche ist sofort zu wechseln und wie die gesamte Krankenhauswäsche einem desinfizierenden Waschverfahren zuzuführen.

Für die Reinigung des Eßgeschirrs der Patienten, inklusive HIV-positiver Patienten, ist die übliche Reinigung in Maschinen mit gleichzeitiger Desinfektion ausreichend.

Schutzmaßnahmen für Arzt und Personal (nach L. Gürtler)

Optimale Eintrittspforten für HIV sind:
- Blutbahn
- offene Haut- und Schleimhautwunden

Wenn Sie mit stärker infektiösen Körperflüssigkeiten (vgl. Tab. 1) eines HIV-Trägers in Kontakt kommen:
- Tragen Sie Handschuhe.
- Schützen Sie Ihre Augen durch eine Brille, wenn mit Spritzern von Körperflüssigkeiten zu rechnen ist.
- Vermeiden Sie Stichverletzungen, indem Sie gebrauchte Injektionskanülen nicht mehr in die Hülle zurückstecken, sondern in ein festes verschließbares Gefäß abwerfen.

Und wenn es trotzdem zu einer Stichverletzung kommt:
- Tätigkeit sofort unterbrechen
- Stichkanal zum Bluten bringen
- Stichkanal desinfizieren

verwenden, wenn mit Aerosolen zu rechnen ist (z. B. beim trachealen Absaugen, zahnärztlichen Eingriffen).

Laboratoriumsproben sind stets als potentiell infektiös einzustufen. Materialien von bekannten oder verdächtigen HIV-, Hepatitis-B-, Tuberkulose-Patienten sind zusätzlich deutlich zu kennzeichnen. Bei Kontaktrisiken muß auch das Laborpersonal Handschuhe tragen. Materialien dürfen niemals mit dem Mund pipettiert werden.

Nicht mit dem Mund pipettieren

Bei Transport von HIV-positiven Patienten ist das Transportpersonal über evtl. Vorsichtsmaßnahmen bei Erbrechen, Blutungen zu informieren.

Nach Verletzung des Personals mit Blutkontakt (insbesondere durch HIV-kontaminierte Instrumente) sollte, auch aus versicherungsrechtlichen Gründen, *sofort,* nach *3 Monaten* und nach *1 Jahr* eine Kontrolluntersuchung auf Anti-HIV erfolgen.

Ausgewählte medizinische Bereiche

In allen Bereichen sind die vorerwähnten Grundsätze zu beachten. *Zusätzlich* werden für einzelne Bereiche folgende Empfehlungen gegeben:

a) Operative Funktionsbereiche

In diesen Bereichen müssen wegen des Risikos des häufigen Blutkontaktes die genannten Schutzmaßnahmen besonders streng eingehalten werden.

Alle Patienten sind *vor* operativen Maßnahmen nach dem Ergebnis eines ggfs. vorausgegangenen HIV-Tests zu befragen.

Vor der Operation: Antikörper-Test angezeigt

Eine HIV-Untersuchung ist vor invasiven Eingriffen im Hinblick auf Planung und Verlauf der Behandlung angezeigt.

Das Operationsteam ist *vor* einem Eingriff an HIV-positiven Patienten zu informieren.

HIV-positive Patienten sollten zweckmäßig am Ende des Operationsprogrammes eingeplant werden.

Nur durch Anlegen von flüssigkeitsdichter Operationskleidung (z. B. dreischichtige Einwegware, wiederaufbereitbare und undurchlässige mehrschichtige Materialien) kann eine Blutverschmutzung des Personals verhindert werden. Eine Plastikschürze allein ist unzureichend.

Zwei Paar Handschuhe übereinander tragen

Wegen der hohen Verletzungsgefahr bei Operationen empfiehlt sich das Tragen von 2 Paar Handschuhen.

Nach jedem Eingriff ist eine Flächendesinfektion mit aldehydischen Präparaten im Bereich einer möglichen Blutkontamination durchzuführen.

Blut- und Sekretabsauger müssen ebenso wie alle anderen kontaminierten Instrumente *sicher* desinfiziert, *dann* erst gereinigt bzw. sterilisiert werden *(Reihenfolge!)*.

b) Anästhesiebereich, Intensivpflege

Bei jedem zu erwartenden Kontakt mit Blut, Sekreten, Körperflüssigkeiten und damit kontaminierten Materialien sind Handschuhe zu tragen. Anschließend ist eine Händedesinfektion mit alkoholischem Einreibpräparat (ohne Wasser) durchzuführen. Dies gilt auch bei allen Intubationen, Gefäßpunktionen und Maßnahmen im Mund- und Rachenraum (z. B. Legen von Magensonden, Rachentamponaden).

Nur flüssigkeitsdichte Kittel schützen sicher vor einer Kontamination.

Gesichtsmaske und Schutzbrille tragen

Gesichtsmasken (Mund *und* Nase verdeckend) sowie Schutzbrillen (Schutzschirme) sind beim Umgang mit intubierten oder hustenden Patienten erforderlich, wenn mit Blut- oder Sekretspritzern zu rechnen ist (z. B. Intubation, Endoskopie, Bronchoskopie).

In Intensivbereichen und Aufwachstationen muß eine Beatmungseinheit (Beatmungsbeutel, Maske, Guedel-/Wende-Tuben, Endotrachealtuben, Laryngoskop) bereitstehen, um im Falle einer erforderlichen Reanimation eine Mund-zu-Mund-Beatmung zu *vermeiden.*

Druck-Injektionsspritzen, mit denen mehrere Patienten behandelt werden, sind zu verbieten.

Mund-zu-Mund-Beatmung vermeiden

Für jeden Patient muß ein neues, zumindest thermisch desinfiziertes Sekretsammelgefäß und ein Ableitungsschlauch sowie ein neues Behältnis mit Spülflüssigkeit verwendet werden. Jeder Patient erhält frisch desinfizierte Atemschlauchsysteme. Blutverschmierte Salbentuben sind zu entsorgen.

c) Endoskopiebereich

Endoskope sind einer automatischen Reinigung und Desinfektion im geschlossenen Gerät zuzuführen. Biopsiezangen und ähnliches Instrumentarium müssen anschließend sterilisiert werden.

Ausreichend Geräte bereitstellen

Da für jeden Patienten gesichert aufbereitete Geräte erforderlich sind, müssen in Anbetracht des erheblichen Zeitaufwandes für die Geräteaufbereitung entsprechend dem Patientendurchgang Geräte in ausreichender Zahl vorhanden sein.

Bei endoskopischen Untersuchungen müssen Handschuhe, bei adäquater Kontaminationsgefahr auch Gesichtsmasken sowie Augenschutz (Schutzschirm) getragen werden.

d) Gerichtsmedizin, Pathologie, Anatomie

Bei Leichenöffnungen und Arbeiten mit Körperflüssigkeiten und -geweben sind stets Handschuhe und ggf. flüssigkeitsdichte Schutzkleidung zu tragen. Wegen der Verletzungsgefahr empfiehlt sich das Tragen von 2 Paar Handschuhen. Das benutzte Instrumentarium sowie die verunreinigten Oberflächen sind entsprechend zu desinfizieren.

e) Transfusionsmedizin

Indikation zur Transfusion streng stellen

Trotz der hohen Sicherheit bei der Herstellung von Vollblutkonserven und Blutkomponenten (Erykonzentrate, Gefrierplasma, PPSB etc.) ist eine Transfusion von *absolut* sicher HIV-freiem Blut nach dem heutigen Wissensstand nicht möglich. Die Indikation zur Transfusion ist daher sehr streng zu stellen. Alle stabilen Blutprodukte enthalten keine lebensfähigen HIV. Der Hämodilution, der Eigenblutrefusion sowie der Benutzung von Autotransfusionsgeräten (Cell saver) ist mehr Beachtung zu schenken.

f) Transplantationsmedizin

Um das Risiko einer HIV-Infektion zu vermindern, dürfen nichtsterile homologe Gewebe erst dann transplantiert werden, wenn beim Spender frühestens 3 Monate nach der Gewebeentnahme der HIV-Test negativ ist.

Transplantation von Leichengewebe unzulässig – Ausnahme: Organtransplantationen

Deshalb sind Transplantationen von Leichengewebe unzulässig, da in diesen Fällen derartige Kontrolluntersuchungen auf HIV nicht möglich sind. Für Organtransplantationen gelten diese Empfehlungen wegen der besonderen Indikationsstellung bei dieser Patientengruppe nicht.

Alle vom Arbeitskreis für Krankenhaushygiene verabschiedeten Empfehlungen basieren auf den bis zum 4. Juli 1987 wissenschaftlich gesicherten Erkenntnissen über HIV-Infektionen.

Symptome und Diagnostik opportunistischer Infektionen

Internistische Aspekte

F. D. Goebel, J. Bogner

Die Diagnose ,,Vollbild von AIDS" wird durch den histologischen Nachweis eines Kaposi-Sarkoms oder eines Non-Hodgkin-Lymphoms gestellt bzw. durch den mikrobiologischen Nachweis der Erreger bestimmter opportunistischer Infektionen. Dies bedeutet, daß nur dann von AIDS gesprochen werden kann, wenn dieser Nachweis zweifelsfrei geführt worden ist.

Diagnose im Anfangsstadium schwierig

Symptome für sich alleine häufig nicht beweisend

Insbesondere in den Anfangsstadien dieser Infektionskrankheiten gestaltet sich dieser Nachweis immer wieder als äußerst schwierig. Klinische Symptome sind daher der Leitfaden, anhand dessen man sich der Diagnosesicherung nähert. Da alle Symptome für sich allein gesehen uncharakteristisch und nicht beweisend sind, hilft oft nur die Zusammenschau des Gesamtzustandes des Patienten einerseits und des Beschwerdebildes andererseits. Opportunistische Infektionen sind der biologische Beweis für eine verminderte Infektabwehr. Daher finden sich bei HIV-infizierten Patienten vor der Entwicklung opportunistischer Infektionen in der Regel klinische Hinweise auf einen Immundefekt in Form des Lymphadenopathie-Syndroms oder des AIDS Related Complex. Der Nachweis einer Verminderung der absoluten T-Helfer-Zellzahl unter 400 zeigt eine zunehmende Gefährdung des Patienten gegenüber Infekten an, ebenso richtungweisend ist die kutane Anergie zum Beispiel im Multitest-Merieux. Bei der Vielzahl potentieller opportunistischer Erreger kann in diesem Rahmen nur auf die am häufigsten nachzuweisenden eingegangen werden. Prinzipiell ist zu rechnen mit: Protozoen, Viren, Pilzen und Bakterien.

Kutane Anergie ist richtungweisend

Alle Organe können betroffen sein

Prädilektionsstellen: Lunge, Gehirn, Gastrointestinaltrakt

Prinzipiell können alle Organe durch opportunistische Infektionen betroffen sein. Als Prädilektionsstellen haben sich jedoch die Lunge, das Gehirn und der Gastrointestinaltrakt erwiesen. Als führendes Symptom aller Infektionskrankheiten tritt auch bei diesen Patienten Fieber auf. Aus dem Verlauf der Fieberkurve lassen sich keine Rückschlüsse auf die Art des Erregers ziehen.

Infektionen der Lunge

Pneumocystis-carinii-Pneumonie ist die häufigste Infektion

Die häufigste opportunistische Infektion bei AIDS-Patienten ist mit 50 bis 60% die Pneumocystis-carinii-Pneumonie. Die klinische Symptomatik besteht in der Trias Fieber, trockener bis wenig produktiver Husten und eine zunehmende Belastungsdyspnoe. Bei dem Charakter der interstitiellen Pneumonie ergibt die Auskultation der Lunge keinen pathologischen Befund, das Röntgenbild des Thorax kann lange unauffällig sein. Daher kommt der erwähnten Trias mit einer zum Teil wochen- bis monatelangen Anamnese eine außerordentlich wichtige Bedeutung zu. Mehranreicherungen in der Gallium-Szintigraphie der Lunge sowie pathologische $_{P}O_2$- und $_{P}CO_2$-Werte bei der Blutgasanalyse geben wichtige diagnostische Hinweise. Die Diagnose kann in der Regel nur über eine Bronchoskopie mit Lavage und entsprechendem Erregernachweis gestellt werden. Eine ähnliche Symptomatik kann durch die seltene Zytomegalievirus- oder Herpes-simplex-Pneumonie hervorgerufen werden. Relativ häufig sind auch Infektionen der Lunge mit Candida albicans oder atypischen Mykobakterien, die aber in der Regel zu feuchten Rasselgeräuschen und frühzeitigen radiologisch erkennbaren Infiltraten der Lunge führen.

Zytomegalie- und Herpes-Pneumonie selten

Infektionen des Gehirns

Die Symptomatik des zerebralen Befalls mit opportunistischen Infektionen bei AIDS ist außerordentlich vielgestaltig und im Hinblick auf die Art des Erregers

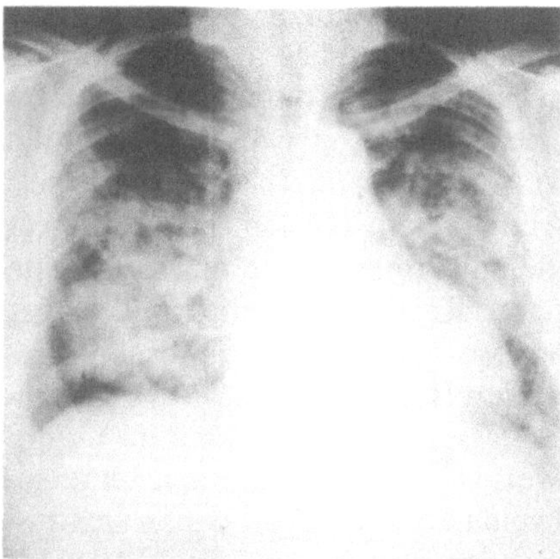

Foto: F. Goebel

Röntgen-Thoraxbild eines AIDS-Patienten mit Pneumocystis-carinii-Pneumonie. Typisch ist eine diffuse, feinfleckige Zeichnungsvermehrung, die von beiden Hili ausgeht. Der Patient litt unter der Trias Fieber (41,5° C), Hustenanfällen mit wenig weißlich gefärbtem Sputum und Orthopnoe.

Pneumocystis-carinii-Pneumonie

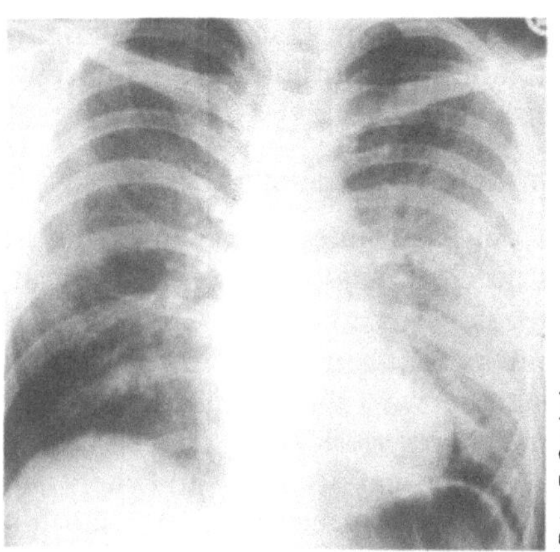

Foto: F. Goebel

AIDS-Patient mit dekompensierter Herzinsuffizienz bei Myokarditis. Der Patient kam mit hochgradigem Lungenödem in die Klinik. Auf dem Röntgenbild zeigt sich vor allem eine besonders basal ausgeprägte, fast homogene Verschattung. Nach Rekompensation normalisierte sich der radiologische Befund.

Myokarditis

kaum richtungweisend. Erschwert wird die Situation dadurch, daß die zugrundeliegende HIV-Infektion des Gehirns und opportunistische Infektionen ähnliche Symptome machen können. Sie unterscheiden sich allerdings häufig dadurch, daß der Verlauf der opportunistischen Infektionen wesentlich rapider ist. Die Palette der zentralnervös bedingten Symptome beginnt bei kaum erkennbaren subtilen Wesensveränderungen, Affektlabilität, Konzentrationsschwäche und Vergeßlichkeit und führt über motorische und sensible Ausfälle, generalisierte Krampfanfälle bis hin zur Bewußtseinstrübung und zum Koma. Nur sorgfältige psychopathologische und differenzierte neurologische Untersuchungen lassen

HIV und opportunistische Erreger machen ähnliche ZNS-Symptomatik

Infektionen im Frühstadium erkennen. Neu aufgetretene Kopfschmerzen stellen in Hinblick auf Infektion ein Alarmsymptom dar. Die häufigste opportunistische Infektion des Gehirns stellt die Toxoplasmose dar, gefolgt von der Kryptokokkose und der eher seltenen Herpes-simplex-Infektion. Alle drei Infektionen sind relativ gut behandelbar; je früher die Behandlung einsetzt, desto größer ist die Chance der Restitutio ad integrum. Daher kommt der Frühdiagnose gerade beim zentralen Nervensystem eine besondere Bedeutung zu. Mit Ausnahme der Kryptokokken lassen sich die Erreger im Liquor äußerst selten nachweisen. Die serologischen Untersuchungen der zerebrospinalen Flüssigkeit haben sich bisher als unbrauchbar erwiesen. Bei der Toxoplasmose liefert die Untersuchung mit dem Computer-Tomographen im Zusammenhang mit dem klinischen Bild entscheidende diagnostische Hinweise.

Toxoplasmose ist die häufigste Gehirninfektion

Infektionen des Gastrointestinaltraktes

Die Symptomatik der gastrointestinalen Infektion ist simpel. Ösophagitis durch Candida albicans oder in seltenen Fällen Zytomegalievirus oder Herpes-simplex-Virus führt zu Schluckstörungen und retrosternalen Schmerzen. Die Diagnose wird durch Endoskopie und histologische Untersuchung gesichert. Magen- oder Duodenalulzera, die sich gegenüber den üblichen Behandlungsmethoden als resistent erweisen, müssen immer an eine Zytomegalievirus-Infektion denken lassen, auch wenn der histologische Befund keinen Hinweis darauf gibt. Befall des weiteren Intestinaltraktes mit Infektionserregern führt zu zum Teil massiven Durchfällen. Auch hier kommt für eine mögliche Therapie dem Erregernachweis eine zentrale Bedeutung zu. Dabei ist die Mitteilung einer dezidierten Fragestellung an Mikrobiologen und Pathologen wichtig, um entsprechende Spezialfärbemethoden zum Nachweis z. B. atypischer Mykobakterien oder Kryptosporidien zu ermöglichen.

Ösophagitis durch Candida albicans

Augeninfektionen

Einen wichtigen Hinweis auf eine Zytomegalievirus-Infektion liefern Angaben des Patienten zu – manchmal geringfügigen – Sehstörungen. Eine regelmäßige ophthalmologische Untersuchung vor allem der peripheren Retinaanteile ist bei allen HIV-Patienten mit Immundefekt notwendig.

Regelmäßige ophthalmologische Untersuchung nötig

Auf Lymphknotenstatus achten

Eine wichtige Rolle spielt im Verlauf der verschiedenen Stadien HIV-bedingter Krankheiten die Lymphknotengröße. Aus dem Stadium des symptomlosen HIV-Trägers entwickelt sich häufig das Lymphadenopathie-Syndrom mit vergrößerten Lymphknoten an zwei extrainguinalen Lymphknotenstationen von einer Dauer von mehr als drei Monaten. Mit zunehmendem Immundefekt kann die Größe der Lymphknoten wieder abnehmen bis hin zum völlig unauffälligen Lymphknotenstatus. Eine erneute Vergrößerung oder eine rasche Größenzunahme bereits vorher tastbarer Lymphknoten vor allem im Halsbereich muß an einen Befall der Lymphknoten durch opportunistische Erreger denken lassen. Hier ist in erster Linie an die Tuberkulose bzw. atypische Mykobakterien zu denken. Daher sollten Lymphknoten bezüglich Größe, Zahl und Lokalisation dokumentiert werden. Bei rascher Größenzunahme ist unbedingt eine Lymphknotenexstirpation mit histologischer und mikrobiologischer Untersuchung notwendig.

Lymphknoten dokumentieren

Dermatologische Aspekte

O. Braun-Falco, M. Fröschl

Opportunistische Infektionen an Haut und Schleimhäuten können häufig der erste Hinweis auf einen beginnenden schweren Immundefekt bei Patienten mit HIV-Infektion sein. Bereits bei den Erstbeschreibungen des erworbenen Immundefekt-Syndroms 1981 fiel zudem auf, daß das bis dahin relativ seltene Kaposi-Sarkom durch AIDS eine neue Bedeutung erhält.

Neue Bedeutung des Kaposi-Sarkoms

Wichtigste Erreger HIV-bedingter opportunistischer Infektionen an Haut und sichtbaren Schleimhäuten

- Candida albicans
- Herpes-simplex-Virus
- Varicella-Zoster-Virus
- Quadervirus (Molluscum-contagiosum-Virus)
- Humanes Papillomvirus (Warzen-Viren)

Häufiges Leitsymptom: Candida-albicans-Infektionen

Mundsoor

Das häufigste und vielfach früheste klinische Symptom bei HIV-infizierten Patienten mit geschwächter Abwehrlage ist ein mehr oder weniger ausgedehnter Hefepilzbefall. Die Manifestationsform kann äußerst vielgestaltig sein: Neben dem Mundsoor, der sich in weißlichen, abstreifbaren Ablagerungen äußert, kann es auch zu Erosionen oder gar Ulzerationen, besonders an Wangenschleimhaut oder Gaumen, durch Candida albicans kommen. Treten zusätzliche Schluckbeschwerden, retrosternales Brennen oder Schmerzen bei der Nahrungsaufnahme auf, sollte differentialdiagnostisch an eine Candida-Ösophagitis gedacht werden. Dies kann als prognostisch weniger günstiges Zeichen gewertet werden. Dann besteht oft eine enterale Candidose, manchmal verbunden mit perianaler Intertrigo candidomycetica und Candida-Balanitis.

Atypische Herpes-simplex-Infektionen

Atypische Lokalisationen

Infektionen mit dem Herpes-simplex-Virus (HSV) sind im Regelfall an der Lippe oder im Genito-Anal-Bereich lokalisiert. Bei auftretender Immunschwäche im Rahmen der HIV-Infektion sollte man jedoch auch bei atypischen Lokalisationen an der freien Haut, z. B. an der Schulter, diese Diagnose in Erwägung ziehen. Vor allem bei lange bestehenden, erosiven oder ulzerierenden, nicht immer polyzyklisch begrenzten, schmerzhaften Hautveränderungen sollte man versuchen, das HSV-

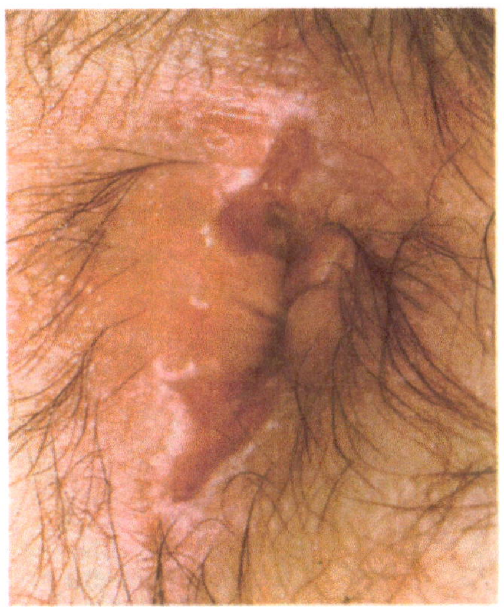

Abb. 1: Ulzerierender Herpes simplex im Analbereich.

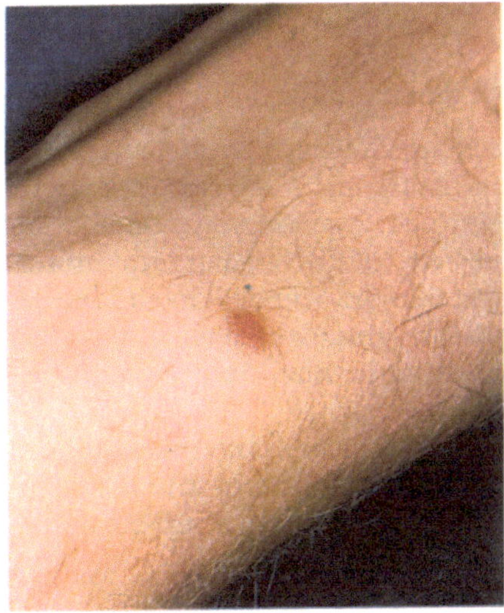

Abb. 2: Einzeleffloreszenz eines Morbus Kaposi.

Virus elektronenmikroskopisch oder kulturell nachzuweisen. (Entsprechende Diagnostik ist an Universitätskliniken möglich.) Ulzerierende Herpes-simplex-Läsionen findet man meist im Genital- bzw. Analbereich (siehe Abb. 1 u. 2) (schmerzhafte Stuhlentleerung), gelegentlich auch in der Mundhöhle. Nicht selten besteht gleichzeitig auch eine Candida-Infektion.

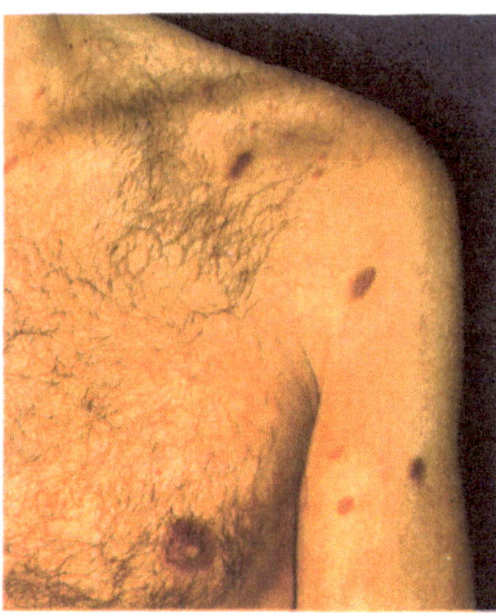

Abb. 3: Disseminierte Form des Kaposi-Sarkoms.

Cave: Zoster generalisatus

Zoster-Erkrankung disseminiert

Bei bereits erheblich geschwächter Immunlage treten Zoster-Erkrankungen häufig nicht wie gewohnt streng unilateral und auf ein oder zwei Nervensegmente begrenzt auf, sondern es besteht die Neigung zur Ausbreitung bis hin zur Generalisation. Um die Gefahr der Sekundärinfektion möglichst gering zu halten, ist auf die rasche Einleitung einer spezifischen Behandlung (Aciclovir i.v.) zu achten.

Finden sich keine segmentalen Hauterscheinungen, aber zusätzlich Bläschen im Bereich der Mundschleimhaut oder am behaarten Kopf, muß an eine Varizelleninfektion gedacht werden.

Ausgedehnter Befall mit Dellwarzen

Die durch ein Quadervirus hervorgerufenen Mollusca contagiosa (Dellwarzen) treten bei immungeschwächten Patienten häufig in stärkerer Aussaat und mit besonders großen Einzeleffloreszenzen an für diese Viruserkrankung wenig typischen Körperstellen wie dem Gesicht oder Genito-Anal-Bereich auf.

Infektion mit humanen Papillom-Viren

Die durch humane Papillomviren (HPV) hervorgerufenen Hautinfektionen umfassen vulgäre Warzen und spitze Kondylome. Lange bestehende und therapieresistente Verrucae vulgares, besonders im periorifiziellen Bereich, können manchmal erstes Zeichen einer HIV-Infektion sein.

Kondylome bei Homosexuellen in der Anal- und Enddarmregion

Im Genito-Anal-Bereich sind Condylomata acuminata (spitze Kondylome, Feigwarzen) angesiedelt, die bei der durch HIV-Infektion induzierten Immunschwäche verstärkt auftreten können und bei männlichen Homosexuellen bevorzugt in der Anal- und Enddarmgegend lokalisiert sind.

AIDS und disseminiertes Kaposi-Sarkom

Neben dem Auftreten von opportunistischen Infektionen gehört zum Vollbild des Immundefektsyndroms gemäß der Definition der CDC (Centers for Disease Control) das disseminierte Kaposi-Sarkom. Zugrunde liegt diesem malignen Neoplasma eine bösartige Proliferation der Endothelzellen. Im Gegensatz zur klassischen Form, die sich durch einen lokalisierten, benignen Verlauf auszeichnet, ist das Kaposi-Sarkom bei AIDS durch ein aggressives Wachstum mit Neigung zur Dissemination charakterisiert (DKS = Disseminiertes Kaposi-Sarkom). Neben Haut und Schleimhäuten können auch innere Organe wie Magen, Darm, Leber oder Lunge befallen sein.

Bei AIDS ist Kaposi-Sarkom aggressiv

Das klinische Bild des DKS kann äußerst vielgestaltig sein. Im Initialstadium handelt es sich häufig um diskrete bläuliche Maculae (Flecken), die im Bereich der freien Haut, aber auch an der Mundschleimhaut (besonders am Gaumen) auftreten können. Diese diskreten Effloreszenzen können sich über bläulich livide Papeln zu konfluierenden Knoten entwickeln. Im Bereich des Oberkörpers kann man nicht selten eine Anordnung in den Hautspaltlinien beobachten. Sind größere Hautareale betroffen, ist eine Neigung zur Ulzeration festzustellen.

Im Bereich der Mundhöhle ist bevorzugt der weiche

und harte Gaumen befallen. Auch hier reicht das Spektrum von flachen, im Hautniveau liegenden Veränderungen bis hin zu ulzerierenden Knoten, die die Nahrungsaufnahme erschweren können.

Rechtzeitige Therapie entscheidend

Einer frühzeitigen Diagnose von opportunistischen Infektionen an Haut und Schleimhäuten im Rahmen der HIV-Infektion kommt eine entscheidende Bedeutung zu. Gerade bei dem in diesem Stadium stets zugrunde liegenden mehr oder weniger ausgeprägten Immundefekt kann den Patienten nur bei rechtzeitiger, gezielter Therapie entscheidend geholfen werden.

Die begleitende Behandlung von opportunistischen Infektionen besitzt nach unserer Auffassung große Bedeutung in derBehandlungsstrategie bei HIV-Infektion, um zusätzliche Belastungen des Immunsystems möglichst zu vermindern.

Therapie opportunistischer Infektionen

Internistische Aspekte

F. D. Goebel, J. Bogner

90% der AIDS-Patienten sterben an opportunistischen Infektionen

Die große Mehrheit, nämlich über 90% der AIDS-Kranken, verstirbt an den Folgen einer oder mehrerer opportunistischer Infektionen. Da es augenblicklich nicht möglich ist, den zugrundeliegenden Virusinfekt oder den Immundefekt kausal zu behandeln, sollten sich unsere Anstrengungen darauf konzentrieren, eine Lebensverlängerung durch effektive Therapie opportunistischer Infektionen zu erreichen.

Grundsätzlich gilt für Infektionskrankheiten, daß eine wirksame Therapie nur nach Identifikation des Erregers möglich ist. Alle diagnostischen Anstrengungen sollten daher vor allem auf den Erreger-Nachweis gerichtet sein. Da bei AIDS-Kranken gleichzeitig mehrere Infektionen vorliegen können, kann man mit dem Nachweis eines Erregers nicht unbedingt sicher sein, daß man damit den Verursacher der klinischen Symptomatik z. B.

septischer Temperaturen gefunden hat. Doppel- und Dreifachinfektionen sind besonders in fortgeschrittenen Stadien keine Seltenheit.

Mehrfach-Infektionen häufig

Pneumocystis-carinii-Pneumonie am häufigsten

Die Liste der opportunistischen Infektionen bei AIDS wird mit zunehmender Kenntnis der Krankheit länger. Daher besteht die Notwendigkeit, sich auf die besonders relevanten Infektionen zu beschränken. Die häufigste opportunistische Infektion bei AIDS stellt die Pneumocystis-carinii-Pneumonie dar. Frühzeitig diagnostiziert kann sie sehr erfolgreich behandelt werden (vgl. Tabelle). Die Cotrimoxazol-Dosis ist außerordentlich hoch

Therapie der Pneumocystis-carinii-Pneumonie

1. Cotrimoxazol
   20 mg Trimethoprim/kg/Körpergewicht und Tag
   100 mg Sulfamethoxazol/kg/Körpergewicht und Tag über zwei bis drei Wochen
2. Pentamidin
   4 mg/kg/Körpergewicht und Tag i.v. über drei Wochen
3. 100 mg Dapson/Tag mit 20 mg Trimethoprim/kg/Körpergewicht und Tag über drei Wochen

und wird in der Regel oral schlecht vertragen. Bei nachgewiesener Pneumonie sollte daher mit der i.v. Gabe begonnen werden. Je nach Körpergewicht müssen bis zu 18 oder 20 Ampullen in 24 Stunden gegeben werden. Nicht mehr als vier Ampullen sollten in 500 ml 5%iger Glukose oder Tutofusin gelöst werden. Als Therapiekontrolle gelten die Temperatur, die Vitalkapazität der Lunge und die Blutgasanalyse. Bei fortgeschrittenen Pneumoniefällen kann der Temperaturrückgang eine Woche und länger auf sich warten lassen. Die Röntgenuntersuchung des Thorax ist als Therapieparameter relativ unbrauchbar, da häufig unter der Therapie eine Zunahme der Infiltration zu beobachten ist und diese noch lange hinter einer klinischen Besserung herhinken kann.

Röntgen-Untersuchung kein brauchbarer Parameter des Therapie-Erfolges

Cave: Unerwünschte Nebenwirkungen

Wichtig ist die Beachtung möglicher Nebenwirkungen, die bei AIDS-Patienten besonders häufig sind. Arzneimittelexantheme treten in etwa der Hälfte der Fälle auf, zwingen jedoch keineswegs immer zum Absetzen der Therapie. Entscheidend ist die Überwachung der Leukozyten. Ein Absinken der Granulozyten ist fast immer zu beobachten; bei Granulozytenwerten von 1000 oder darunter setzen wir auf Pentamidin um. Prophylaktisch werden Folinsäurepräparate dazugegeben.

Granulozyten sinken zumeist ab

Über die prophylaktische Gabe eines Antibiotikums nach erfolgreicher Behandlung einer Pneumocystis-carinii-Pneumonie besteht noch keine Sicherheit. Empfohlen wird die Gabe z. B. von 2 × 1 Tbl./Tag Eusaprim® forte oder 2 × 1 Tbl. Fansidar®/Woche. Auch hier sind die Leukozytenzahlen regelmäßig zu überwachen.

Toxoplasmose

Eine weitere häufige, sehr gut behandelbare opportunistische Infektion stellt die Toxoplasmose dar. Zur Therapie werden unterschiedliche Dosen von Pyrimethamin in Kombination mit einem Sulfonamid gegeben. Für die Akut-Therapie empfehlen sich 100 bis 150 mg Pyrimethamin/Tag sowie 2 g Sulfadoxin/Tag über mindestens vier Wochen. Unter dieser Therapie kommt es innerhalb einer Woche zur deutlichen subjektiven Besserung sowie zur Entfieberung. Eine CT-Kontrolle des zentralen Nervensystems zeigt innerhalb von zwei Wochen bei erfolgreicher Therapie einen deutlichen Rückgang vorbestehender Herde. In Anbetracht der Effektivität und der relativ geringen Nebenwirkungsrate einerseits und der Schwierigkeit eines definitiven Erregernachweises im zentralen Nervensystem über eine Hirnbiopsie andererseits wird eine Therapie auch ohne Toxoplasma-Nachweis beim Verdachtsfall empfohlen. Da eine Beseitigung der Parasiten unter einer Therapie nicht möglich ist, sollte unter allen Umständen eine Dauerprophylaxe von 2 × 1 Tbl. Fansidar® pro Woche gegeben werden.

CT-Kontrolle

Drei Kategorien von Infektionen

Bei der Therapierbarkeit opportunistischer Infektionen unterscheiden wir grundsätzlich drei Kategorien:

1. Erfolgreiche Therapie mit Beseitigung der klinischen Symptomatik und Eradikation des Erregers (Beispiel: Pneumocystis-carinii-Pneumonie).
2. Beseitigung der klinischen Symptomatik für die Dauer der Medikamentengabe ohne Eradikation des Erregers (Beispiel: Herpes-simplex-Virus).
3. Derzeit nicht behandelbare opportunistische Infektionen (Beispiel: Cryptosporidien).

Candida- und Kryptokokkus-Infektionen

Weitere gut behandelbare opportunistische Infektionen stellen die Candida-Ösophagitis und die Kryptokokkose dar. Da die lokale Therapie der Candida-Mykose mit Nystatin/Amphotericin B häufig nicht erfolgreich ist, ist eine systemische Therapie mit Ketokonazol 200 mg, in Ausnahmefällen 400 mg/Tag notwendig. Als Verlaufsparameter dienen die Inspektion der Mundhöhle, das subjektive Beschwerdebild (Schluckstörungen) und die Endoskopie des Ösophagus, die jedoch nur in seltenen Ausnahmefällen notwendig ist.

Mundhöhle inspizieren

Die Therapie der Kryptokokkose erfolgt mit Amphotericin B 0,3 mg/kg/Körpergewicht/Tag zusammen mit Flucytosin 150 mg/kg/Körpergewicht/Tag verteilt auf vier Dosen. Subjektive Nebenwirkungen bestehen in Fieber, Schüttelfrösten und Hypertonie. Objektiv können Anämie, Niereninsuffizienz und Hypokaliämie beobachtet werden. Auch bei dieser Pilzinfektion ist eine Erhaltungstherapie notwendig. Empfohlen wird eine wöchentliche Gabe von 20 mg Amphotericin B i.v.

Virusinfektionen

Nicht alle Infektionen sind gut behandelbar

Die Behandelbarkeit der häufigsten Virusinfektionen bei AIDS ist unterschiedlich: Sehr gute Wirksamkeit ist mit Aciclovir bei Herpes simplex oder beim Herpes-zoster-Virus zu erzielen. Es kann intravenös, oral oder auch lokal appliziert werden. Die übliche Dosis für die intravenöse Zufuhr beträgt 5 bis 10 mg/kg/Körpergewicht alle 8 Stunden für die Herpes-simplex-Infektion, bei disseminierter Zoster-Infektion 12,5 mg/kg/Körpergewicht alle 8 Stunden.

Erste klinische Studien zur Therapie von Zytomegalovirus-Infektionen

Erste Erfolge ließen sich auch für die Behandlung der Zytomegalievirusinfektion nachweisen. Mit der Substanz 1,3-Dihydroxy-2-Propoxymethyl-Guanin (DHPG) läßt sich erstmals eine virustatische Wirksamkeit nachweisen. Bisher ist das Medikament nicht zugelassen und kann nur im Rahmen einer klinischen Therapiestudie angewandt werden. Als Nebenwirkung hat sich eine relativ häufige Leukopenie herausgestellt.

Infektionen mit Mykobakterien

Infektion mit atypischen Mykobakterien schwer therapierbar

Zahlreiche Bakterien können auch als opportunistische Infektionen vorkommen. Am häufigsten werden Mykobakterien als Erreger der Tuberkulose bzw. als Erreger atypischer Mykobakteriosen beobachtet. Für die Tuberkulose gilt die übliche Dreier- oder Viererkombinationstherapie mit klassischen Tuberkulostatika, die gute Ergebnisse zeigt. Dagegen ist die atypische Mykobakteriose außerordentlich schwer therapierbar: Selbst nach Resistenzbestimmung und gezielter Auswahl der Medikamente sind die Langzeiterfolge äußerst mäßig. Versuchsweise werden hier auch die üblichen Tuberkulostatika in Kombination mit Amikazin angewandt. Zahlreiche andere bakterielle Erreger kommen als opportunistische Infektionen ebenfalls in Frage, typischerweise eine rezidivierende Salmonellenbakteriämie. Die Eradikation des Keimes gelingt nicht mit Cotrimoxazol, jedoch nach neueren Berichten mit den Gyrasehemmern.

Kritisch: Kryptosporidien-Infektion

Ein glücklicherweise seltenes, dafür aber um so schwerwiegenderes Krankheitsbild stellt die Infektion mit Kryptosporidien dar. Schwerste, praktisch nicht beeinflußbare Durchfälle führen bei den Patienten zu Mangelerscheinungen und Kachexien. Zahlreiche Therapieversuche,

z. B. mit Spiramycin, sind versucht, jedoch nicht als effektiv gefunden worden. Hier bleibt nur eine symptomatische Behandlung in Form von Wasser und Elektrolytersatz.

Dermatologische Aspekte

M. Fröschl, O. Braun-Falco

Opportunistische Infektionen an Haut und Schleimhäuten im Rahmen der HIV-Infektion zeichnen sich häufig durch schweren Verlauf und die Notwendigkeit einer langdauernden, intensiven Therapie aus. Eine frühzeitige Diagnose ist daher von größter Bedeutung, um entsprechende Behandlungsmaßnahmen möglichst rasch einsetzen zu lassen. Damit kann einem weiteren Fortschreiten der Infektion und einem möglichen Übergreifen auf innere Organe vorgebeugt werden. Wichtiges Prinzip sollte sein, den bestehenden mehr oder weniger ausgeprägten Immundefekt zu berücksichtigen.

Bei der Therapie den Immundefekt berücksichtigen

Candida albicans

Die Behandlung der im Rahmen der HIV-Infektion häufigen Hefepilzerkrankungen durch Candida albicans erfordert ein abgestuftes Therapiekonzept. Beschränken sich die Veränderungen auf die Mundschleimhaut bei einem relativ intakten Immunsystem, ist in der Regel eine lokale Therapie ausreichend. Nystatin, Amphotericin B, Miconazol oder Natamycin können dabei in unterschiedlicher Applikationsform als Lösung oder Lutschtabletten angewendet werden, wobei auf eine ausreichende Dosierung zu achten ist. Ebenso können Farbstofflösungen wie z. B. Pyoktanin 0,1% verordnet werden. Die Therapiedauer erstreckt sich je nach vorliegendem Immundefekt auf 2 bis 4 Wochen.

Auf ausreichende Dosierung achten

Liegt ein klinisch massiver Befund oder zusätzlich eine Candida-Ösophagitis oder Enteritis vor, ist in der Regel systemische Therapie angezeigt. Das Therapeutikum der Wahl ist hier Ketokonazol (Nizoral® 1- bis 2mal

200 mg tgl.), das sich bei HIV-infizierten Patienten bewährt hat, allerdings nicht vor Rezidiven schützt.

Herpes simplex

Erneute Therapie bei Prodromalsymptomen

Lokale Maßnahmen bei schmerzhaften Erosionen oder Ulzerationen im Genitoanalbereich (Herpes simplex ulcerans et persistens) reichen im allgemeinen nicht aus. Systemische orale Therapie mit Aciclovir (5 × 200 mg/Tag) führt zu einer relativ raschen Abheilung der Effloreszenzen. Es ist hierbei darauf zu achten, daß sofort bei Auftreten von Prodromalsymptomen einer erneuten Herpes-simplex-Infektion wie Juckreiz oder Brennen an der vorher betroffenen Körperstelle eine erneute Therapie angesetzt wird. Zudem neigen die Hauterscheinungen nach Absetzen zu Rezidiven. Eine Dauertherapie in niedriger Dosierung (z. B. 3 × 200 mg/Tag) kann daher angezeigt sein.

Bei den typischen gruppiert stehenden Bläschen auf gerötetem Grund ohne Neigung zu Ulzeration sind lokale Maßnahmen ausreichend.

Varizella-Zoster-Erkrankungen

Gürtelrose-Erkrankungen bei HIV-immungeschwächten Patienten zeigen nicht selten ungewöhnliche Verlaufsformen: sie sind gekennzeichnet durch bi- oder mehrsegmentalen Befall und eine gewisse Neigung zur Generalisation. Die adäquate Behandlung sollte daher in aller Regel in der *intravenösen* Verabreichung von Aciclovir in einer Dosis von 5 bis 10 mg/kg KG alle 8 Stunden unter stationärer Kontrolle liegen.

Mollusca contagiosa

Warzen chirurgisch entfernen

Dellwarzen erfordern meist eine chirurgische Therapie. Einzelne Effloreszenzen können dabei in Lokalanästhesie mit der Eihautpinzette ausgequetscht werden, bei disseminierten Formen ist nicht selten eine Allgemeinanästhesie notwendig. Zusätzlich sollte darauf geachtet werden, daß der Patient das betroffene Areal im Anschluß desinfizierend behandelt, um Rezidiven möglichst vorzubeugen.

Verrucae vulgares

Warzen können einerseits chirurgisch oder kryotherapeutisch angegangen werden, andererseits durch lokale keratolytische Maßnahmen z. B. mit hochprozentigem Salizylsäurepflaster (Guttaplast®) und anschließender Nachbehandlung mit Fluorouracil/Salizylsäure, Dimethylsulfoxid (Verrumal®). Es ist wiederum wichtig, daß desinfizierende Maßnahmen angeschlossen werden. Bei Warzen im Bartbereich sollte zusätzlich auch der Rasierapparat desinfiziert werden.

Kryotherapie und Keratolyse

Condylomata acuminata

Feigwarzen im Genitoanalbereich stellen nicht selten ein besonderes therapeutisches Problem dar. Zusätzlich vorliegende Infektionen mit Gonokokken, Chlamydien, Mykoplasmen oder Candida albicans sowie proktologische Erkrankungen sollten im Sinne einer „Terrain-Sanierung“ ausreichend behandelt werden.

Terrain-Sanierung

Condylomata acuminata können zum einen durch zytostatisch wirksame Substanzen wie Podophyllin oder Podophyllotoxin örtlich behandelt werden, aber auch durch chirurgische Maßnahmen, Kryotherapie oder Lasertherapie (CO_2-Laser) angegangen werden.

Therapie muß rasch einsetzen

Die Therapie opportunistischer Infektionen an Haut und Schleimhäuten im Rahmen der HIV-Infektion erfordert nicht selten ein differenzierteres Vorgehen als bei immunkompetenten Patienten.

Gerade die Neigung zu schneller Ausbreitung bis zur Generalisation und die Rezidivneigung machen rasches Einsetzen therapeutischer Maßnahmen notwendig, um eine weitere Belastung des Abwehrsystems durch infektiöse dermatologische Erkrankungen möglichst gering zu halten.

Differenziertes Vorgehen notwendig

Beteiligung des zentralen Nervensystems bei HIV-Infektionen

F. D. Goebel, A. Matuschke

Ein Drittel der AIDS-Patienten hat eine neurologische Beteiligung

Obwohl bereits 1981 das erworbene Immundefekt-Syndrom beschrieben worden ist, fanden sich erst 1984 in der Literatur deutliche Hinweise auf eine besonders starke Beteiligung des zentralen Nervensystems bei HIV-Infektionen. Inzwischen ist bekannt, daß etwa ein Drittel aller AIDS-Patienten eine neurologische Beteiligung erleidet, einzelne Berichte führen neurologische Symptome in etwa 10% der Fälle als Initialbefunde auf. Das zentrale Nervensystem kann bei AIDS in vierfacher Hinsicht betroffen sein: durch HIV selbst, opportunistische Infektionen, Malignome oder Hirnblutung bzw. einen Hirninfarkt.

Direkte HIV-Infektion

Schwierige Diagnostik

Als Frühsymptome einer HIV-Infektion des Gehirns kommen in erster Linie uncharakteristische Symptome wie Vergeßlichkeit, Konzentrationsstörungen, psychische Veränderungen, Kopfschmerzen in Frage; zusätzlich können neurologische Symptome wie Gleichgewichtsstörungen und Muskelschwäche auftreten. Als Spätsymptome werden Verwirrtheit, Apathie und zunehmende Demenz auf dem Boden einer Hirnatrophie beobachtet. An neurologischen Symptomen sind Pyramidenbahnzeichen, Paresen, Ataxie, Inkontinenz, Tremor sowie epileptische Anfälle zu diagnostizieren. Auch meningitische Verlaufsformen mit Hirnnervenausfällen durch HIV-Infektion des zentralen Nervensystems sind beschrieben. Die Diagnostik ist oft sehr schwierig. Bei der Lumbalpunktion findet sich oft eine Eiweißvermehrung bei mäßiger Pleozytose (Lymphozyten) und vor allem eine autochthone HIV-Antikörperproduktion. Die kraniale Computer-Tomographie zeigt in fortgeschritteneren Stadien eine diffuse Substanzminderung bis hin zur Hirnatrophie mit Erweiterung des Ventrikelsystems.

CD-4-Rezeptor auch auf Gehirnzellen

Der „Ankerplatz" von HIV auf T-Lymphozyten wird auch von Gehirnzellen – Gliazellen und Neuronen – exprimiert. Die Arbeitsgruppe von *G. Riethmüller,* München, konnte mit verschiedenen molekularbiologischen Methoden die Existenz des CD-4-Rezeptors auf Neuronen des Zerebellums, des Thalamus und der Pons sowie auf Gliazellen von Thalamus und Pons nachweisen. Über diese „Tore" zur Zelle könnte HIV entweder direkt die Zellen infizieren oder durch Blockade des Rezeptors neuronale Kommunikationsvorgänge unterdrücken. (br)

Die Ursache der Gehirninfektion

Opportunistische Infektionen

Für opportunistische Infektionen stellt das Gehirn eine Prädilektionsstelle dar. Von besonderer Bedeutung ist die Diagnostik therapierbarer opportunistischer Infektionen, darunter vor allem Toxoplasmose, Kryptokokkose, Tuberkulose und Herpes-Viren.

a) Zerebrale Toxoplasmose

Als Symptome können organische Psychosen, fokale neurologische Ausfälle, diffuse Kopfschmerzen und epileptische Anfälle beobachtet werden. Als Begleitsymptom tritt sehr häufig Fieber auf. Die Diagnose wird mit Hilfe des kranialen Computer-Tomogramms oder der Kernspin-Tomographie des Gehirns gestellt. Im Nativ-CT finden sich multifokale hypodense Areale, die nach Kontrastmittelgabe eine ringförmige Anreicherung zeigen. Gelegentlich jedoch findet sich ein diffuser Toxoplasmenbefall des Gehirns ohne klare pathologische Veränderungen in bildgebenden Verfahren. Blut- und Liquoruntersuchungen auf Toxoplasmose sind nicht hilfreich. Der Erregernachweis kann lediglich über eine Hirnbiopsie erfolgen. Bei der hervorragenden Therapierbarkeit empfiehlt sich jedoch ein Behandlungsversuch ex juvantibus ohne Erregernachweis. Innerhalb ei-

CT und NMR zur Diagnostik

ner Woche kommt es dabei zur klinischen Besserung, in zwei bis drei Wochen zeigen sich Herdverkleinerungen im CT.

b) Cryptococcus neoformans

Die Übertragung des Pilzes erfolgt durch Vogelexkremente. *Daher ist allen HIV-infizierten Patienten von einer Vogelhaltung dringend abzuraten.* Die Infektion geschieht aerogen über die Lunge. Im Sputum und nach Dissemination im Urin lassen sich Kryptokokken nachweisen, bevor es zum Befall des ZNS kommt. Heftige Kopfschmerzen mit Lichtempfindlichkeit und mehr oder weniger ausgeprägter Meningismus mit Fieber und allgemeinem Krankheitsgefühl bei gleichzeitigen psychischen Veränderungen kennzeichnen das akute Krankheitsbild. Die Diagnose erfolgt über den Kryptokokken-Nachweis im Liquor. Im Gegensatz zu den meisten anderen opportunistischen Infektionen ist die serologische Diagnostik in Blut und Liquor bei Kryptokokkose hilfreich. Die Therapie mit Amphotericin B und Flucytosin ist bei frühzeitigem Einsatz sehr erfolgreich.

Von Vogelhaltung abraten

c) Mykobakteriosen

Im Rahmen einer miliaren Aussaat können Mykobakterien auch das zentrale Nervensystem befallen. In Ab-

Erreger opportunistischer Hirninfektionen

1. Toxoplasma gondii (Enzephalitis)
2. Cryptococcus neoformans (Meningitis/Enzephalitis)
3. Mykobakterien (atypische, seltener M. tuberculosis) (diffuse Enzephalitis oder Abszeßbildung)
4. Herpes-simplex-Virus (Enzephalitis)
5. Papova-Viren (progressive multifokale Leukenzephalopathie)
6. Zytomegalie-Virus (Enzephalitis)
7. Sehr seltene andere Erreger

hängigkeit von der Prävalenz bestimmter säurefester Stäbchen in der Bevölkerung finden sich in Ländern der Dritten Welt häufiger das Mycobacterium tuberculosis, in den USA und Mitteleuropa vermehrt atypische Mykobakterien. Die Symptome sind die einer Meningitis bzw. Enzephalitis mit Hirnnervenausfällen und ausgeprägten Kopfschmerzen sowie bei Abszessen mit fokalen Ausfällen und epileptischen Anfällen. Bei ausgeprägtem Immundefekt mit kutaner Anergie kann es bei aktiver Tuberkulose wieder zum positiven Tuberkulintest kommen. Eine solche Konversion ist dringend verdächtig. Im Liquor finden sich die klassischen Zeichen der tuberkulösen Meningitis mit Druckerhöhung, Eiweißvermehrung, Lymphozytose und Glukoseerniedrigung. Keineswegs immer gelingt der Erregernachweis im Tierversuch oder in der Kultur. Bei meist miliarer Aussaat finden sich häufiger säurefeste Stäbchen im Sputum und Magensaft bzw. Leberpunktat. Bei Befall mit Mycobacterium tuberculosis folgt die Therapie den üblichen Regeln, bei atypischen Mykobakterien sollte Amikazin einer Dreierkombination zugefügt werden, jedoch sind die Erfolgsaussichten sehr mäßig.

Erreger-Nachweis gelingt nicht immer

d) Herpes-simplex-Enzephalitis

Die Herpes-simplex-Enzephalitis ist eine seltene, lebensbedrohliche, aber gut therapierbare opportunistische Infektion. Sie stellt eine hämorrhagisch-nekrotisierende Entzündung des medialen Anteils der Temporallappen und des Stirnhirns dar. Als Symptome treten Kopfschmerzen, Fieber, epileptische Anfälle und fokale neurologische Ausfälle auf. Im EEG finden sich Zeichen für einen Temporallappen-Befall. Die Therapie besteht in parenteraler Aciclovir-Zufuhr. Sehr selten ist eine Varizella-Zoster-Infektion des zentralen Nervensystems mit ähnlichen Erscheinungen und ebenso mit Aciclovir behandelbar.

Erfolgreiche Therapie möglich

Malignome

Primäre Lymphome des zentralen Nervensystems sind bei AIDS wesentlich häufiger als unabhängig von einem Immundefekt. Sie äußern sich meist durch eine Raumforderung mit fokalen neurologischen Ausfällen, epileptischen Anfällen, Kopfschmerzen und Hirndruckzeichen. Die Diagnose wird durch die kraniale CT gestellt, die hypodense Areale evtl. wie bei Toxoplasmose mit ringförmiger Kontrastmittelanreicherung als Ausdruck eines perifokalen Ödems zeigt. In der Histologie ergeben sich deutliche Zeichen eines hohen Malignitätsgrades, daher ist auch die Prognose schlecht. Eine zytostatische Therapie ist bei HIV-induziertem Immundefekt besonders gefährlich und sollte onkologisch versierten Kliniken vorbehalten bleiben. Beim ausschließlichen Befall des zentralen Nervensystems bringt eine palliative Bestrahlung relativ gute Ergebnisse.

Zytostatische Therapie nur in onkologisch versierten Kliniken

Hirnblutungen

Bei AIDS-Patienten werden Hirnblutungen meistens durch Gerinnungsstörungen bei Thrombozytopenie hervorgerufen. Beschwerden und Befunde entsprechen den üblichen Symptomen. An Hirninfarkte durch embolisch bedingte Gefäßverschlüsse bei Endokarditis muß auch bei AIDS-Patienten mit neurologischen Ausfällen gedacht werden. Hier steht die mikrobiologische Sanierung der Emboliequelle im Vordergrund.

Frauen und AIDS

M. Fröschl, O. Braun-Falco

Seit der Erstbeschreibung des erworbenen Immundefektsyndroms im Juni 1981 wird AIDS vorwiegend als „Männerkrankheit“ gesehen. An diesem Bild hat sich bis heute wenig geändert. Jedoch wird die Infektion mit dem AIDS-Erreger – wie jede andere Geschlechtskrankheit – vom Mann auf die Frau und auch von der Frau zum Mann übertragen. Diese Tatsache wird durch die Zahlen aus Afrika untermauert. Auf dem schwarzen Kontinent liegt das Geschlechterverhältnis bei 1:1 und

AIDS ist keine „Männerkrankheit“

die Infektion wird hauptsächlich heterosexuell übertragen.

Heterosexuelle Übertragung nimmt zu

Als hauptsächliche Infektionsquelle bei Frauen in Europa und Amerika ist bisher das gemeinsame Benutzen von Injektionsbestecken beim intravenösen Drogengebrauch, das sogenannte „needle sharing" zu identifizieren. Über 80% der weiblichen Patienten unserer poliklinischen Sprechstunde haben sich auf diesem Weg infiziert.

Die meisten Frauen infizieren sich beim Drogenmißbrauch

Beim BGA bekanntgewordene AIDS-Fälle und Anteil an Frauen

	Gesamtzahl der AIDS-Patienten	Weiblich	%
8. 7. 83	40	0	–
13. 6. 84	86	3	3,9
31. 12. 84	134	5	3,7
31. 12. 85	377	17	4,5
29. 8. 85	588	29	4,9
31. 12. 86	826	47	5,7
30. 3. 87	999	58	5,8
29. 5. 87	1089	65	6,0
31. 7. 87	1217	76	6,2

Weiterhin sind Frauen durch heterosexuellen Kontakt mit Drogenabhängigen oder bisexuellen Männern gefährdet. Heterosexuelle Übertragungen von HIV werden mit hoher Wahrscheinlichkeit in Zukunft eine zunehmende Rolle spielen, wie auf dem Weltkongreß für Dermatologie in Berlin im Mai 1987 herausgestellt wurde. Aus diesem Grund scheint es von besonderer Wichtigkeit, nicht nur Personen mit Risikoverhalten, sondern jedermann, einschließlich junge Mädchen und Frauen, über die Ansteckungswege des erworbenen Immundefektsyndroms aufzuklären.

Junge Mädchen aufklären

Empfängnisverhütung und Schwangerschaft

Risiko: Mutter infiziert das Kind während der Schwangerschaft

Die HIV-Infektion bei Frauen bringt viele spezifische Fragestellungen mit sich. Sowohl auf medizinischem Gebiet wie auch auf dem psychosozialen Sektor ist die Betreuung von HIV-Antikörper-positiven Frauen mit besonderen Problemen verbunden. Neben den rezidivierenden Infektionen und dem reduzierten Allgemeinzustand spielen für weibliche Patienten vor allem Fragen im Umfeld von Empfängnisverhütung und Schwangerschaft eine entscheidende Rolle. Das Risiko einer Virusübertragung von der Mutter auf das Kind dürfte nach Literaturangaben zwischen 50 und 60% liegen. Infizierte Neugeborene haben zudem eine besonders schlechte Prognose bezüglich des Krankheitsverlaufes. Erste Studien zeigen darüber hinaus, daß die Schwangerschaft den weiteren Verlauf der Krankheit bei der Mutter negativ beeinflussen kann.

HIV-Infektion: Indikation zur Interruptio

Aus den angeführten Gründen ist die HIV-Infektion heute – bei Wunsch der werdenden Mutter – eine medizinische Indikation zur Interruptio. Die schwangere HIV-positive Frau sollte in einem ausführlichen Gespräch sowohl über die Wahrscheinlichkeit aufgeklärt werden, ein infiziertes Kind zu gebären, als auch über die Möglichkeit, ein gesundes Kind zur Welt zu bringen.

Von entscheidender Bedeutung sind daher Fragen der

Empfehlungen für HIV-infizierte Frauen

- Einer HIV-infizierten Frau sollte von einer Schwangerschaft abgeraten werden.
- Neben Ovulationshemmern sollten auf jeden Fall Kondome zum Infektionsschutz verwendet werden. Zusätzlichen Schutz scheinen Spermizide zu bieten, falls das Kondom versagt.
- Da das Risiko der HIV-Übertragung während einer Schwangerschaft von Mutter auf Kind mit 50 bis 60% angenommen wird, ist die HIV-Infektion eine medizinische Indikation zur Interruptio.

Empfängnis- und Infektionsverhütung. Nach dem heutigen Stand des Wissens ist einer HIV-infizierten Frau von einer Schwangerschaft abzuraten. Neben Ovulationshemmern kommt hier der Verwendung von Kondomen beim Geschlechtsverkehr die wichtigste Rolle zu. Kondome bieten Schutz vor ungewollter Schwangerschaft und Infektion mit dem AIDS-Virus. In jedem Fall ist die Frau auf das Mitwirken des Partners angewiesen, was nicht selten weitere Schwierigkeiten mit sich bringt.

Von Schwangerschaft abraten

Ein weiterer Ansatzpunkt für einen wirkungsvollen Schutz vor Ansteckung scheinen Spermizide, Schaumovula und Cremes zu bieten, die Nonoxynol-9 oder Benzalkoniumchlorid als Wirkstoff enthalten. In vitro zeigen diese beiden Substanzen inaktivierende Wirkung auf das HIV-Virus. Zum gegenwärtigen Zeitpunkt können diese jedoch nur als zusätzlicher Schutz zum Kondom empfohlen werden, für den Fall, daß dieses abgleitet oder reißt.

Prostitution

Die Frage nach dem Risiko, sich bei einer Prostituierten anzustecken, muß sicherlich differenziert betrachtet werden. Wie Untersuchungen an den Gesundheitsämtern zeigen, sind registrierte Prostituierte derzeit nur zu einem geringen Prozentsatz mit HIV infiziert. Dieser Sachverhalt ändert sich, wenn man die sogenannte Beschaffungsprostitution betrachtet. Hier handelt es sich um Frauen, die ihren Drogenkonsum über die Prostitution finanzieren. Diese Mädchen sind häufig intravenös drogenabhängig und haben sich nicht selten über das gemeinsame Benutzen von Injektionsbestecken infiziert. Prostituierte und ihre Kunden sollten auf jeden Fall auf Kondomanwendung bestehen.

Psychosoziale Aspekte

Unsere Erfahrungen zeigen, daß betroffene Frauen in aller Regel größeren psychischen und sozialen Problemen gegenüberstehen als Männer. So sind nicht wenige der betroffenen Frauen alleinerziehende Mütter. In diesen Fällen wird die Krankheit zusätzlich zur Bedrohung

Frauen stärker seelisch belastet

für die Kinder. Die Umwelt distanziert sich von diesen Kindern, ihre Zukunft ist durch die Krankheit der Mutter fragwürdig. Zudem ist die finanzielle Situation dieser Frauen häufig problembeladen.

Selbsthilfe-Gruppen für Frauen fehlen noch

Während bei der hauptbetroffenen Gruppe der homo- und bisexuellen Männer eine deutliche Solidarisierungsbewegung eingesetzt hat, die sich vor allem in der Gründung von Selbsthilfeorganisationen äußern, sind Selbsthilfegruppen der Frauen bisher die große Ausnahme. Darüber hinaus kann der zunehmende körperliche Verfall zu einem weiteren Verlust an sozialen Kontakten führen.

Besondere Problemstellungen finden sich außerdem bei Frauen, deren Partner infiziert sind. Dazu gehören besonders Partnerinnen von Hämophiliepatienten, Lebensgefährtinnen von Männern, die über eine Bluttransfusion angesteckt wurden, und Partnerinnen bisexueller Männer. Die nicht genau zu definierende Lebensbedrohung des Partners wird zur seelischen Belastung für die Frau und für die bestehende Beziehung. Der erzwungende Verzicht auf Kinder bringt nicht selten erhebliche Konfliktsituationen mit sich. Die soziale Isolation und

HIV-Infektionen durch heterosexuelle Kontakte verdoppeln sich in den USA alle 10 Monate

Infektion unabhängig von sexuellen Praktiken und Häufigkeit der Kontakte

Innerhalb eines Jahres hat sich die heterosexuelle HIV-Übertragung in den USA um 136% erhöht. Die Fälle verdoppeln sich derzeit, wie Wissenschaftler während des Washingtoner AIDS-Kongresses Anfang Juni 1987 berichteten, in den USA alle 10 Monate. Damit hat die heterosexuelle Transmission, die zwar in absoluten Zahlen noch gering ist (etwa 600 Fälle), die Verdoppelungsraten bei Homosexuellen und i.v. Drogenabhängigen überrundet. Dabei kann die Infektion unabhängig von sexuellen Praktiken, Häufigkeit der Intimkontakte oder etwa Verkehr während der Menstruation weitergegeben werden.

Diskriminierung durch die Umgebung bezieht sich häufig auch auf den nicht infizierten Partner.

Gesunde Partner werden ebenfalls diskriminiert

Die HIV-Infektion bei Frauen bringt viele spezifische Problemstellungen mit sich. Gerade die Entwicklung in der letzten Zeit hat gezeigt, daß AIDS eine Erkrankung ist, die nicht auf bestimmte Gruppen in unserer Gesellschaft begrenzt ist, sondern die Ansteckung vielmehr eine Frage risikohaften Verhaltens ist. Die entscheidende Bedeutung kommt daher einer sachlichen Aufklärung über Infektionswege und Schutzmaßnahmen zu, die Männern wie Frauen gleichermaßen zugänglich sein muß. Dabei sollte immer wieder betont werden, daß die HIV-Infektion tödlich verlaufen kann und die Änderung der Sexualgewohnheiten eine unabdingbare Forderung in der AIDS-Bekämpfung ist.

HIV-Infektionen bei Kindern

J. Grosch-Wörner, M. Vocks

Anfang 1985 wurde in Berlin (West) bei einem damals 9 Monate alten Säugling die erste kindliche AIDS-Erkrankung in der Bundesrepublik Deutschland diagnostiziert. Derzeit sind dem Bundesgesundheitsamt 27 an AIDS erkrankte Kinder unter 19 Jahren bekannt. Dies entspricht 2,7% aller AIDS-Erkrankungen. Die Zahl der mit HIV infizierten Kinder – mit und ohne Symptome – muß hingegen mit ca. 300 für Deutschland angenommen werden.

Etwa 300 HIV-infizierte Kinder in der Bundesrepublik

Klassifikation

Im April 1987 wurde von den Centers for Disease Control (CDC) eine neue Klassifikation für HIV-Infektionen bei Kindern unter 13 Jahren bekanntgegeben. Die symptomatischen HIV-Infektionen werden wie folgt klassifiziert:

A) Mindestens 2 unspezifische Symptome mehr als 2 Monate wie Fieber, Nichtgedeihen, Gewichtsverlust, Leber- und/oder Milzvergrößerung, generalisierte Lymphknotenvergrößerung, Parotitis, Diarrhoe

B) Progrediente neurologische Symptome wie
   1. Verlust von bereits Erlerntem,
   2. erworbene Mikrozephalie,
   3. progrediente motorische Defizite

C) Lymphoide interstitielle Pneumonie

Neue Klassifikation für Kinder

D) Sekundäre infektiöse Erkrankungen
   1. opportunistische Infektionen entsprechend der AIDS-Definition der CDC,
   2. zwei oder mehr schwere bakterielle Infektionen innerhalb von 2 Jahren,
   3. orale Candidiasis (> 2 Monate), Herpes-Stomatitis (zwei oder mehr Episoden innerhalb von einem Jahr), multidermale oder disseminierte Herpes-Zoster-Infektionen

E) Sekundäre Malignome

F) Andere Erkrankungen, die eventuell HIV-assoziiert sind wie Thrombozytopenien, Anämien, Kardiomyopathien, Hepatitis, Nephropathien und Hauterkrankungen.

Risikofaktoren

Bei den jüngeren Kindern ist der Risikofaktor in über 80% der Kinder die HIV-Infektion der Mütter. Diese gehören z. Z. überwiegend zu der Gruppe der intravenös drogenabhängigen Frauen. Wenige Frauen, jedoch zunehmend mehr, sind Sexualpartnerinnen von Männern aus Risikogruppen.

Risikofaktor infizierte Mutter am häufigsten

Ältere Kinder gehören meistens zu der Patientengruppe der hämophilen Kinder; auch durch Bluttransfusionen infizierte Kinder sind bekannt.

Ein Kind wurde durch kontaminierte Muttermilch infiziert und ein anderes fraglich durch eine Bißverletzung des AIDS-erkrankten Bruders.

Bei den von uns in Berlin (West) betreuten Kindern verteilt sich die Zugehörigkeit zu Risikogruppen folgendermaßen:

a) intrauterine Infektion
   Mütter i.v. drogenabhängig 40 Kinder

Mütter durch Partner infiziert	3 Kinder
Infektionsweg bei den Müttern nicht bekannt	3 Kinder
b) hämophile Kinder und durch Transfusion infizierte Kinder	21 Kinder
c) Horizontale Transmission	kein Kind infiziert

Klinische Symptomatik

Bei keinem der von uns ab der Neugeborenenzeit beobachteten 46 Kinder war bei Geburt eine HIV-assoziierte Symptomatik vorhanden. Dies korreliert mit Beobachtungen aus der seit 1. 9. 1985 in Paris durchgeführten HIV-Perinatalstudie und der im Rahmen der Europäischen Gemeinschaft seit 8. 9. 1986 etablierten multizentrischen Langzeitstudie bei Neugeborenen HIV-Antikörper-positiver Mütter. Bei einigen Kindern fielen Besonderheiten wie Auffälligkeiten der Schädelform und faziale Dysmorphiezeichen auf. Diese wurden von *Marion u. Mitarb.* als HTLV-III-assoziiertes embryonales Dysmorphiesyndrom beschrieben (vgl. Tabelle 1).

Keine Symptome bei der Geburt

Tabelle 1: Mögliche Hinweise auf eine HIV-Infektion bei Neugeborenen.

- Frühgeburtlichkeit
- Dystrophie
- Mikrozephalie
- Kraniofaziale Dysmorphie wie Hypertelorismus, breite, hohe, flach vorstehende Stirn; eingesunkene Nasenwurzel und vorstehendes dreieckiges Philtrum

Symptomatik

Die Manifestation der HIV-Infektion zeigt sich bei Kindern wie bei den Erwachsenen auch zunächst durch *unspezifische Symptome.*

Unspezifische Symptome

Wir empfehlen den Kinderärzten, bestimmte klinische Untersuchungen durchzuführen bzw. nach Symptomen zu fragen (vgl. Tabelle 2).

Tabelle 2: Untersuchungen und Fragen zum Verlauf.

Episoden von Soor? (Therapieresistenz? Rezidive?) Episoden von Diarrhoe? Otitis media? Infekte der oberen Luftwege pro Zeiteinheit?
Lymphknotenvergrößerung? Hepatomegalie? Splenomegalie?
Parotitis?
Hautprobleme?
Statomotorische Entwicklung?
Neurologisch auffällig?
Gewichts- und Längenentwicklung, Kopfumfang (Mikrozephalie)

Opportunistische Infektionen in den ersten zwei Lebensjahren

Opportunistische Infektionen kommen bei Kindern nur zu etwa 10% vor und treten meistens in den ersten 2 Lebensjahren auf. Es handelt sich in erster Linie um die Pneumocystis-carinii-Pneumonie (PCP), disseminierte Candidiasis und atypische Mykobakterium-Infektionen, ferner um Infektionen mit dem Zytomegalie- oder Epstein-Barr-Virus und um Darminfektionen mit Kryptosporidien.

Ungewöhnliche Pneumonie

Eine ungewöhnliche chronische Pneumonie – bezeichnet als *lymphoide interstitielle Pneumonie (LIP)* – wird zu etwa 30% bei AIDS-erkrankten Kindern diagnostiziert. Neben dem bioptischen Nachweis läßt sich diese Pneumonie auch klinisch und radiologisch erkennen. Für den Kliniker ist die Unterscheidung von der PCP von Bedeutung (vgl. Tabelle 3).

Progrediente neurologische Symptome werden bei ca. 10 bis 30% der HIV-infizierten Kinder beobachtet. Es

Tabelle 3: Klinische und radiologische Merkmale von Pneumocystis-carinii-Pneumonie (PCP) und lymphoider interstitieller Pneumonie (LIP).

PCP		*LIP*
Fieber		–
Akute Dyspnoe		Langsam zunehmende Dyspnoe
Auskultationsbefund		–
Hypoxie		Hypoxie gering
LDH-Erhöhung		–
Prognose ungünstig		Prognose besser
Röntgen:	Bilateral-verschwommene Infiltrate	Bilaterale diffuse retikulonoduläre Infiltrate mit und ohne hiläre Lymphadenopathie LIP meistens kombiniert mit generalisierter Lymphadenopathie und Parotitis

handelt sich hierbei um den Verlust von Meilensteinen der Entwicklung oder intellektueller Fähigkeiten und motorische Störungen, die sich durch Ataxie, Gleichgewichtsstörungen, pathologische Reflexe und schließlich Paresen bemerkbar machen. Im kranialen Computer-Tomogramm kann man eine kortikale Atrophie, Erweiterung der Hirnventrikel und gelegentlich Kalkablagerungen in den Basalganglien nachweisen.

„Meilensteine" der Entwicklung gehen verloren

Nach Literaturangaben und auch nach unseren eigenen Beobachtungen kommen *schwere bakterielle Infektionen* wie Pneumonie, Sepsis, Meningitis und seltener Weichteilabszesse und Abszesse innerer Organe, Gelenk- und Knocheninfektionen vor.

Schwere Infektionen

Als Erreger konnten hauptsächlich Hämophilus influenzae und parainfluenzae, Streptococcus pneumoniae, Staphylococcus aureus und epidermidis, Enterokokken und Salmonellen isoliert werden.

Auch *andere Infektionen* wie orale Candidiasis, Herpes-Stomatitis und Herpes-Zoster-Infektionen wurden beobachtet.

Kaposi-Sarkom selten

Sekundäre Malignome wie z. B. das Kaposi-Sarkom sind äußerst selten.

Andere Erkrankungen wie dilatative Kardiomyopathie, Hepatitis und Thrombozytopenie wurden diagnostiziert.

Immunologie und Serologie

Charakteristisch für die kindliche HIV-Infektion ist die frühe Störung der humoralen Immunität, die dazu führt, daß die Kinder nicht in der Lage sind, auf Antigene spezifische Antikörper zu bilden. Es resultiert eine funktionelle Hypogammaglobulinämie, obwohl eine Hypergammaglobulinämie nachweisbar ist. Früh ist die Antwort auf B-Zell-Mitogene vermindert.

Erst später tritt eine Lymphopenie auf, eine Verminderung der T-Helfer-Zellen und eine Abnahme des T4/T8-Quotienten.

Serologische Befunde schwer interpretierbar

Ein besonderes Problem stellt die Interpretation von serologischen Befunden bei Kindern, vor allem bei Neugeborenen und Säuglingen, dar. Bei allen Neugeborenen HIV-Antikörper-positiver Mütter sind Antikörper vom IgG-Typ im Serum nachweisbar. Dies kann eine Infektion des Kindes bedeuten, aber auch allein den passiven Transfer der mütterlichen Antikörper anzeigen. Wird ein Kind im Laufe des ersten Lebensjahres seronegativ, so bedeutet dieses unter Umständen lediglich die biologische Elimination der passiv übertragenen Antikörper, eine HIV-Infektion kann trotzdem bestehen.

Es ist daher unbedingt erforderlich, zusätzlich zu den serologischen Untersuchungen Virusuntersuchungen einzuleiten. Da aber auch bei diesen Untersuchungen falsch-negative Ergebnisse nicht auszuschließen sind, kann eine HIV-Infektion bei Kindern nur durch eine Langzeitbeobachtung nach klinischen, virologischen und immunologischen Parametern nach ca. 2 bis 3 Jahren ausgeschlossen werden.

Behandlung

Gammaglobulin bei B-Zell-Defekten

Antivirale Substanzen wie das Azidothymidin (Retrovir®) haben bei erwachsenen AIDS-Patienten einen deutlichen Rückgang der sekundären Infektionen und der Letalität bewirken können. Bei Kindern liegen bislang fast keine Erfahrungen vor.

Beim Nachweis von B-Zell-Defekten sind intravenöse Gammaglobulingaben in regelmäßigen Abständen erfolgreich.

Kortikosteroidbehandlungen haben einen guten Erfolg bei der Behandlung der lymphoiden interstitiellen Pneumonie ergeben.

Eine Rezidivprophylaxe mit Cotrimoxazol nach PCP wird empfohlen.

Impfungen

Es ist ratsam, die Kinder frühzeitig mit Diphtherie- und Tetanustoxoid sowie mit Poliototimpfstoff (Salk) zu impfen. Masern, Mumps und Röteln können nach amerikanischen Empfehlungen bei klinisch asymptomatischen seropositiven Kindern gegeben werden, wir würden normale immunologische Funktionen voraussetzen wollen. Bei symptomatischen Kindern sind Lebendimpfungen kontraindiziert.

Therapeutische Möglichkeiten bei einer HIV-Infektion

F. D. Goebel

Vollbild AIDS ist immer tödlich

Nach den Angaben, die dem BGA in Berlin gemacht worden sind, sind bisher 1133 (29. 6. 87) Patienten in Deutschland an AIDS erkrankt, etwa die Hälfte von ihnen ist bereits verstorben. Ist das Vollbild von AIDS erst einmal ausgebrochen, so erreicht die Letalität der Krankheit 100%. Die Bedeutung des kürzlich zu Ende gegangenen dritten internationalen AIDS-Kongresses in Washington wurde in der Öffentlichkeit fast ausschließlich daran gemessen, ob eine Impfmöglichkeit oder eine neue Therapieform vorgestellt worden ist. Auch wenn kein spektakulärer Durchbruch zur Therapie gemeldet wurde – dieser konnte auch nicht erwartet werden –, so gibt die Zulassung der ersten anti-retroviral wirksamen Substanz in Deutschland Anlaß, über die Wertigkeit dieser und anderer bisher geprüfter Substanzen kurz zu berichten.

Ziel: kausale Therapie

Therapie der Infektion und des Immundefektes

Eine kausale Therapie bei AIDS muß sich prinzipiell gegen die HIV-Infektion einerseits, andererseits gegen die Folge davon, den resultierenden Immundefekt, richten. Ob eine antiviral wirksame Dauertherapie zur Restitution des Immundefektes führen kann, ist bisher noch völlig offen. Die bisher eingesetzten Medikamente haben sich entweder als zu toxisch für eine Langzeittherapie oder als unwirksam erwiesen oder sind bisher noch nicht über eine längere Periode untersucht worden. Die Vorstellung einer jeden neuen Therapieform, die theoretisch Wirksamkeit verspricht oder deren Effektivität angeblich bereits belegt ist, wird in den Medien regelmäßig in großer Aufmachung gebracht. Bevor solide Daten in Fachzeitschriften publiziert und damit nachprüfbar sind, erfolgt eine Information der Öffentlichkeit über die Laienpresse. Die Publizität der Krankheit führt dazu, daß jeder Therapieansatz öffentlich diskutiert wird und damit neue Hoffnungen weckt.

Hemmer der Reversen Transkriptase

Zahlreiche Substanzen

Alle Experten sind sich einig, daß in den nächsten Jahren eine allgemein verfügbare Impfung zur Verhinderung der HIV-Infektion nicht verfügbar sein wird. Die augenblicklichen Hoffnungen konzentrieren sich daher auf Substanzen, die eine Therapie einer bereits eingetretenen Infektion möglich erscheinen lassen. Bereits 1984 wurde mitgeteilt, daß eine ganze Reihe von Substanzen in der Lage ist, das viruseigene Enzym „Reverse Transkriptase" zu hemmen. Mit der Inhibierung dieses Enzyms wird die Umschreibung der Virus-RNS in

DNS und damit der Einbau in das Zellgenom verhindert. Eine außerordentlich große Zahl chemischer Substanzen hat sich in vitro als wirksamer Enzym-Inhibitor erwiesen. Zur praktischen Anwendung kamen jedoch nur wenige Substanzen (vgl. Tabelle). Erste Erfolge

Tabelle 1: Wirkstoffe gegen AIDS.

Eingesetztes Präparat	Wirkungs-mechanismus	Nebenwirkungen
HPA 23	Hemmung d. Rev. Transkriptase	Thrombozytopenie
Suramin	"	Fieber, Schüttelfrost, Insuffizienz der Nebennierenrinde, Nierenversagen
Foscarnet	"	Niereninsuffizienz
Ribavirin	" (indirekt)	Anämie
Azidothymidin	Kettenabbruch b. DNS-Synthese	Schlaflosigkeit, Kopfschmerzen, Granulozytopenie, Anämie
Dideoxycytidin	"	Exanthem, Stomatitis, Thrombozytopenie
AL 721	nicht nachgewiesen	nicht bekannt

wurden für das in Frankreich eingesetzte HPA 23 berichtet. Dieser potente Enzymhemmer führte zwar im Therapieversuch zur Verminderung der Virusreplikation, aber gleichzeitig im Kurzversuch zu so erheblichen Nebenwirkungen vor allem in Form der Thrombozytopenie, daß eine Langzeittherapie nicht in Frage kam. Das gleiche gilt für Suramin, das als Germanin schon seit Jahrzehnten in der Therapie der afrikanischen

Schwere unerwünschte Nebenwirkungen häufig

Schlafkrankheit eingesetzt wird. Auch vom Foscarnet liegen bisher keine Daten über einen längeren Versuch an größeren Patientenkollektiven vor.

Plazebokontrollierte Studien mit Nukleosidanaloga

Lediglich zu den beiden Nukleosidanaloga Azidothymidin (AZT)* und Ribavirin sind auf Kongressen Resultate aus prospektiven, Plazebo-kontrollierten Studien mitgeteilt worden. Der Unterschied in der Inzidenz opportunistischer Infektionen und auch de Letalität zwischen Plazebo- und Verumarm in der AZT-Studie war so signifikant, daß nach 24 Wochen der Plazeboarm abgebrochen wurde und alle Patienten AZT erhielten. Diese Therapiestudie an 282 Patienten über bisher 9 Monate hat eine statistisch signifikante Verlängerung der Überlebenszeit bei den behandelten Patienten ergeben. Mit Schlaflosigkeit, Übelkeit, Brechreiz, vor allem aber Leukopenie und makrozytärer Anämie traten bei diesen Behandlungen erhebliche Nebenwirkungen auf. 25% der Patienten mußten mit Transfusionen behandelt werden. Unter der Therapie mit AZT fand sich eine Abnahme der Isolierbarkeit des Virus sowie ein Rückgang der Aktivität der Reversen Transkriptase. Bei einigen Patienten kam es zur Verbesserung des immunologischen Status. Alle bisherigen Erfahrungen erstrecken sich über einen Zeitraum von maximal 9 Monaten, so daß eine Aussage zu Langzeitfolgen bisher nicht gemacht werden kann. Immerhin ist erstmals in einer Plazebo-kontrollierten Studie ein lebensverlängernder Effekt gezeigt worden, und dieses Resultat rechtfertigt den Einsatz trotz ernster, aber doch tolerabler Nebenwirkungen.

Nur wenige kontrollierte Studien

Lebensverlängernder Effekt von Azidothymidin bewiesen

Vergleichbare Ergebnisse werden aus einer Plazebokontrollierten Studie an 163 mit Ribavirin behandelten LAS-Patienten berichtet. Innerhalb von 6 Monaten entwickelte keiner der mit Ribavirin behandelten Patienten das Vollbild von AIDS, während dies bei 18% der Plazebo-behandelten Patienten eintrat. Allerdings sind bei der Vorstellung der Studienergebnisse ganz erhebliche

Weitere Studien notwendig

* Retrovir®

Zweifel an der Randomisierung der Patienten geäußert worden, da die Entwicklung des Vollbildes von AIDS bei beinahe jedem fünften Patienten mit einem LAS-Syndrom innerhalb von 6 Monaten eine geradezu exorbitante Manifestationsrate darstellt. Zur besseren Beurteilbarkeit der Wirksamkeit von Ribavirin müssen deshalb sicher weitere Studien abgewartet werden.

Gerüchteweise ist das Nukleosidanalogon Dideoxycytidin wesentlich stärker virustatisch wirksam als Azidothymidin bei einer deutlich geringeren Nebenwirkungsrate. Diese Aussagen beruhen allerdings lediglich auf wenigen kasuistischen Mitteilungen, eine prospektive randomisierte Plazebo-kontrollierte Studie existiert bisher nicht.

Immunstimulanzien und -modulatoren: Wirksamkeitsnachweis steht aus

Weitere Therapieversuche sollen noch kurz erwähnt werden: Bei immunstimulierenden oder immunmodulierenden Substanzen stehen Wirksamkeitsnachweise bislang aus. Darüber hinaus besteht zumindest die theoretische Gefahr, daß jede Immunstimulation zur Aktivierung der HIV-infizierten Lymphozyten und zur Verstärkung der Virusreplikation führen könnte. Ebenfalls anekdotischen Beschreibungen zur Folge führt die Lipidmischung AL 721 zu einer Verbesserung des Zustandsbildes von AIDS-Kranken. Auch hier existieren jedoch bisher keine verläßlichen Studien.

Kontrollierte Studien liegen nicht vor

Brüster u. Mitarb. haben im Deutschen Ärzteblatt (84, Heft 13, 26. 3. 87) Erfolge durch „Autoimmunisierung" von AIDS-Patienten mitgeteilt. Diese Studie hat in den Medien ein großes Echo hervorgerufen, unter anderem auch deshalb, weil eine neue Therapieform aus Deutschland Erfolge gezeigt habe. Nach einem Studium der im Ärzteblatt publizierten Arbeit haben sich jedoch erhebliche Zweifel an der Effektivität dieses Therapieversuches ergeben. Die Angaben zur Methodik, zu den Patienten und den Therapieergebnissen sind so dürftig und zum Teil fehlerhaft, daß nicht viel Vertrauen in das angewandte Verfahren aufgekommen ist.

Auch über unkonventionelle Therapie-Ansätze nachdenken

Prinzipiell sollte in Anbetracht der hohen Letalität der Krankheit auch über unkonventionelle Therapiemethoden nachgedacht werden. Zum Nachweis einer Wirksamkeit sollten jedoch bewährte und klare wissenschaftliche Kriterien nicht vernachlässigt werden.

Die Begleitung sterbender Patienten

O. Seidl

„Wenn ich doch wenigstens Krebs hätte"

Patienten erwarten kein Mitgefühl

Diese Äußerung eines moribunden Homosexuellen mit AIDS zeigt deutlich, wie wenig ein Angehöriger dieser Risiko-Gruppe das sonst selbstverständliche Mitgefühl der Umwelt mit einem jungen Sterbenden erwartet. Für die ärztliche Betreuung wird es deshalb von entscheidender Bedeutung sein, zu welcher Gruppe der Patient gehört: zu den Homosexuellen, den Drogenabhängigen, Blutern oder anderen. Laut Melderegister starben in der Bundesrepublik bis April 1987 489 Personen an den Folgen von AIDS, darunter überwiegend Homosexuelle. Die meisten Todesfälle wurden in den Großstädten und dort in einigen speziellen Kliniken gezählt. Bei der zu erwartenden Ausbreitung der Infektion und der hohen Sterberate an AIDS wird die Betreuung Sterbender bald Aufgabe vieler Ärzte und Pflegekräfte sein.

Die Auseinandersetzung mit dem Sterben beginnt für viele nach der Mitteilung „HIV-positiv"

Intensive Beschäftigung mit dem eigenen Tod

Wie auch immer die Wahrscheinlichkeit sein mag, an den Folgen von AIDS zu sterben, setzt das oft schockartige Erlebnis des positiven Tests für viele zunächst auch eine intensive Beschäftigung mit dem eigenen Tod in Gang. Ansatzweise werden hier fast alle wichtigen Themen reflektiert, die vor dem Sterben noch einmal große Bedeutung gewinnen können: die Bilanzierung des bisherigen Lebens, eine Neubewertung der persönlichen Beziehungen, Schuldgefühle, Angst vor Isolation, Einsamkeit, Ablehnung u. a. In gewisser Weise beginnt die ärztliche Hilfe beim Sterben bereits in dieser außerordentlich sensiblen, bewußtseinsmäßig offenen Phase des HIV-Positiven. Was hier der Hausarzt bzw. Berater und Patient antezipierend an Ängsten, Schuldgefühlen, Vorwürfen, Depressionen und anderem offen bearbeiten können, ist von größter Bedeutung für den weiteren

Die ärztliche Hilfe beim Sterben beginnt früh

Prinzipielle Ziele bei der Betreuung Sterbender

- Erfüllung der kommunikativen Bedürfnisse des Patienten
- Aufrechterhaltung der Integrität der Person und seiner Beziehungen
- Emotionale Stabilisierung und Prävention gegen emotionale Krisen
- Kooperative Behandlung unter Berücksichtigung des oft hohen Wissensstandes der Patienten.

Umgang mit der Krankheit und für das Sterben daran. Bei vielen Patienten setzt danach eine intensive Phase der Verdrängung und Verleugnung der Krankheit ein, die manchmal bis zum Tode bestehen bleibt.

Die Haltung des Arztes bei der Betreuung von Sterbenden

Eine vertrauensvolle und tragfähige Beziehung zum Patienten ist die Basis für eine jede Betreuung von Sterbenden. Diese ist bei Patienten mit AIDS um so wichtiger, als sie sich häufig nicht auf eine eigene Familie oder eine stabile Partnerbeziehung stützen können. Der Arzt wird sich bewußt sein müssen, daß er unter Umständen eine Ersatzfunktion mit einer besonderen affektiven Nähe zum Patienten übernehmen muß. Betreuung sterbender AIDS-Patienten heißt deshalb zunächst und prinzipiell, auf deren intensive kommunikative Bedürfnisse einzugehen. Eine tragfähige Beziehung

Arzt übernimmt häufig Ersatzfunktion

zum Patienten sollte so früh wie möglich angestrebt werden durch Verläßlichkeit, Ehrlichkeit und Verfügbarkeit des Arztes in einer Atmosphäre der Ruhe und Sicherheit. Prägend hierfür ist vor allem dessen non-verbales Verhalten.

Patient soll bestimmen, welche Hilfe er benötigt

Prinzipiell sollte der Patient selbst bestimmen, welche Hilfe er haben möchte und zu welchem Zeitpunkt er über seinen Tod oder seine Ängste sprechen will. Gibt der Patient hierfür ein Zeichen, dann sollte man bereit und vorbereitet sein.

Besondere Probleme bei AIDS-Patienten

Neben allgemeinen Verhaltensanforderungen und Zielen, die für die Betreuung aller Sterbender gelten, ergeben sich für Patienten mit AIDS besondere Probleme, die überwiegend aus deren speziellen Lebensformen entstehen.

Gespräche, die in Ruhe, Sicherheit und Ehrlichkeit stattfinden, sind wohl das wichtigste Hilfsangebot an den Patienten, welcher die Auswahl der Themen selbst bestimmen sollte. Überraschenderweise spielt vordergründig die Angst vor dem Sterben bei den meisten AIDS-Patienten keine große Rolle. Sie scheinen in ihr Schicksal ergeben zu sein, möglicherweise deshalb, weil sie die tödliche Krankheit nicht als ihnen ungerecht erscheinende „Zufälligkeit“ erleben, sondern als Konsequenz ihres Verhaltens als Homosexuelle oder Fixer. Es verbergen sich dahinter meist unbewußte Schuldgefühle und Bestrafungsphantasien. Die dadurch möglicherweise entstehenden Selbstwertkrisen und Identitätsprobleme sollen soweit als möglich angesprochen und in vorurteilsfreier Athmosphäre bearbeitet werden. Dabei sollte der Gesprächsführer stützend und nicht analytisch-konfliktaufdeckend verfahren. Ebensowenig sollte man „um der Wahrheit willen“ die Verleugnungen und Verdrängungen des Patienten aufzuheben versuchen. Sie stellen einen Selbstschutz dar, den man respektieren muß.

Selbstwertkrisen und Identitätsprobleme

Die Selbstproblematik angesichts des Todes entsteht für viele Homosexuelle auch dadurch, daß sie das Gefühl haben, für ihre Umwelt nichts Bleibendes, oft gleichbedeutend mit Kindern, hinterlassen zu haben. Besonders problematisch wird dies, wenn auch der Kontakt zur Herkunftsfamilie gering ist. Als Betreuer sollte man sich dann bemühen, kompensatorisch die positiven Seiten im nun endenden Leben und seinen Wert „für sich" herauszuarbeiten und bekräftigend vor Augen zu führen.

Positive Seiten des Lebens herausarbeiten

Nicht selten zeigen sterbende Patienten aggressive Regungen, die stellvertretend für ihre Umwelt die Betreuer treffen. Wut und Zorn der Patienten sollte man schuldfrei zulassen. Dasselbe gilt für vorübergehende depressive Verstimmungen. Jede Bitte um „Sterbehilfe" (in der heutigen Bedeutung des Wortes) sollte als ein Hilferuf des Patienten nach emotionaler Zuwendung verstanden werden, als Indiz für eine bisher unzureichende Betreuung.

Lassen sich trotz verständnisvoller und gesprächsbereiter Zuwendung zum Patienten depressive Verstimmungen nicht beeinflussen, sollte man immer auch daran denken, daß die psychischen Veränderungen Folge der Grundkrankheit sein können. In diesem Fall wird man eine medikamentöse Behandlung erwägen. Dasselbe gilt auch für Suizidalität, quälende Ängste und Unruhezustände, sei es, daß sie organischer Natur sind, sei es, daß die Möglichkeiten der psychischen Betreuung ausgeschöpft sind.

Den Partner einbeziehen

Homosexuellen kann durch die Mithilfe des Partners bei der Betreuung deutlich gemacht werden, daß man die Integrität ihrer Beziehungen respektiert. Die emotionale Belastung der Partner von sterbenden Homosexuellen ist ganz erheblich. Schuldgefühle, den anderen infiziert zu haben oder Aggressionen darüber, vom anderen infiziert worden zu sein, die zu erwartenden späteren Ausschlußreaktionen mit der Gefahr der totalen Vereinsamung sollten teils zusammen mit dem Patienten, teils ohne ihn angesprochen werden.

Partner sind ebenfalls stark belastet

Psychische Probleme der Betreuer

O. Seidl

Schon bald nach Beginn der Betreuung von ambulanten oder stationären Patienten mit AIDS klagen Ärzte und Krankenschwestern über das Gefühl der Erschöpfung, der Überlastung, des „Ausgebranntseins". Ärger über die häufig fordernden, undankbaren, die Betreuer gegeneinander ausspielenden Patienten ist an der Tagesordnung. Dabei wird den Betroffenen bald deutlich, daß es sich hier nicht um technische Fragen der medizinischen und pflegerischen Versorgung handelt, sondern um weitgehend ungelöste psychologische Probleme. Aus den Erfahrungen mit Gesprächsgruppen von Ärzten und Schwestern lassen sich ansatzweise einige Erklärungen und Lösungsmöglichkeiten angeben.

Leitsymptom „Ausgebranntsein"

Der AIDS-Kranke als medizinische und pflegerische „Herausforderung"

Ärzte und Schwestern, die zum ersten Mal einen AIDS-Kranken betreuen, haben gegenwärtig das Gefühl, an einer besonders exponierten Stelle tätig zu sein. Das große gesellschaftliche und medizinische Interesse führt zu einer Mobilisierung aller verfügbaren ärztlichen und pflegerischen Ressourcen mit hoher persönlicher Beteiligung, vergleichbar denen der Betreuung von Patienten, die mit einem ungewöhnlichen neuen Verfahren behandelt werden. Überidentifikation mit der Aufgabe und Aktivismus mit Mobilisierung meist unbewußter Größenvorstellungen mit hohen Ansprüchen und Erwartungen an sich selbst, führen schnell zur Erschöpfung, zu Versagensgefühlen und schließlich zu Resignation oder gar Aggression gegenüber dem Patienten. Diese tritt insbesondere dann auf, wenn sich die Patienten als nicht so umgänglich wie erwartet erweisen oder wenn man merkt, daß alle Bemühungen vergeblich sind.

Alle Ressourcen werden mobilisiert

AIDS exponiert die Betreuer auch in einem anderen Sinn. Viele leben mit der Angst vor einer möglichen Infektion, die nicht alleine durch Wissen und entsprechende Vorsichtsmaßnahmen beschwichtigt werden kann. Im ungünstigsten Fall wird diese entweder durch eine Verleugnung der Gefahr oder durch eine, den Patienten teilweise diskriminierende Schutzhaltung bewältigt. Nicht zu vergessen ist, daß ein Teil der sozialen Diskriminierung der Patienten mit AIDS auch auf deren Betreuer übergehen kann. Besonders bemerken dies Krankenschwestern und Arzthelferinnen in Krankenhäusern und Praxen, von denen bekannt ist, daß dort gehäuft Patienten mit AIDS behandelt werden. Je sorgloser ein Arzt mit seinen eigenen Ängsten umgeht, desto wahrscheinlicher wird er dies auch mit den Ängsten seiner Mitarbeiter tun.

Auch medizinisches Personal wird diskriminiert

Der Homosexuelle als Patient

Nach Altersverteilung, sozialem Stand und Bildungsgrad bieten Patienten mit AIDS für Ärzte und Pflegekräfte im Unterschied zu den übrigen Patienten eine

Identifikation mit den Patienten

Charakteristische Probleme der Betreuer von AIDS-Patienten

- Mobilisierung eigener Ängste (vor der Infektion, vor dem Sterben)
- Resignation (Vergeblichkeit medizinischer und pflegerischer Bemühungen bei hohem eigenen Anspruch)
- Aggressionen gegenüber den Patienten (wegen deren oft fordernder Haltung und fehlender Anerkennung)
- Mobilisierung von Vorurteilen und moralisierender Krankheitsinterpretation (als unbewußter Distanzierungsmechanismus)
- Überaktivitäten und Überidentifikation mit der Betreuerrolle und dem Patienten (unbewußte Abwehr von Ängsten, möglicherweise eigene Zugehörigkeit zur Risikogruppe)

starke Identifikationsmöglichkeit. Eigene Krankheits- und Sterbeängste können dadurch mobilisiert werden. Die Tatsache, daß es sich bei den meisten Patienten mit AIDS um Homosexuelle handelt, bringt weitere Probleme mit sich: sei es, daß die Betreuer eigene, oft unbewußte homophile Neigungen abwehren müssen, sei es, daß sich eine moralisierende Betrachtungsweise der Krankheit (mehr oder weniger bewußt) durchsetzt. Beides führt zu einer Distanzierung vom Patienten. Ärztinnen und Krankenschwestern fühlen sich manchmal von Patienten allein deshalb abgelehnt, weil sie Frauen sind. Ihr oft mütterlicher Betreuungsstil findet bei ihnen keine bereitwillige Aufnahme und dankbare Anerkennung – eine narzißtische Kränkung, die ebenfalls der Grund einer reservierten Haltung gegenüber dem Patienten sein kann.

Abwehrhaltung

Narzißtische Kränkung

All diese Mechanismen entfalten gerade dann ihre Wirkung, wenn sie unbewußt bleiben und einer kritischen Reflexion nicht zugänglich sind. Der „schwierige Patient" entsteht so zum Teil aus den Schwierigkeiten, die der Betreuer mit sich selbst hat und die er sich oft nicht eingestehen will.

Mögliche Hilfen für den Betreuer

Die Betreuung von Patienten mit AIDS erfordert zu einem wesentlichen Teil auch die Beschäftigung der Betreuer mit sich selber. Je mehr sie fähig sind, über sich selbst und ihre berufliche und persönliche Situation zu reflektieren, um so eher werden ihnen auch die Probleme im Umgang mit AIDS-Patienten lösbar erscheinen. Patienten mit neuen Krankheiten, die eine medizinisch-gesellschaftliche Herausforderung bedeuten, mobilisieren erhebliche ehrgeizige Aktivitäten, die nicht nur die Arzt-Patientenbeziehung beeinflussen, sondern auch, falls sie nicht kritisch reflektiert werden können, schnell in Erschöpfung oder Resignation münden können. Die Behandlung von Patienten aus diskriminierten Randgruppen bringt aber auch eine erhebliche emotionale Belastung mit sich, welche sich die Betreuer oft nicht eingestehen wollen. Eine Hilfe bei der Bewältigung die-

Über-Aktivität führt zur Erschöpfung

ser Probleme sind Balint-Gruppen oder Gesprächsgruppen, in denen die oft unbewußten Motive und Mechanismen bearbeitet werden können. Informationen auf rein kognitiver Ebene leisten hier wenig, da sie den Gefühlsbereich kaum beeinflussen. Die Fähigkeit zur Selbstreflexion setzt ein großes Maß der Fähigkeit zur Selbstkritik und den Mut voraus, eigene Ängste zuzulassen. Nicht jeder dürfte über diese Eigenschaften verfügen. In der Betreuung von AIDS-Kranken werden wir Betreuer uns unserer eigenen Grenzen bewußt.

Gesprächsgruppen für Betreuer

AIDS und Allergie

J. Ring, O. Braun-Falco

Unter Allergie versteht man eine Änderung der Immunitätslage im Sinne einer krankmachenden Überempfindlichkeit (12). Allergische Erkrankungen scheinen in den letzten Jahren zuzunehmen; häufig taucht in Diskussionen, besonders bei Nicht-Medizinern, die Frage nach dem Zusammenhang von AIDS und Allergie auf. Will man diese Frage beantworten, empfiehlt es sich, die charakteristischen immunologischen Befunde der verschiedenen Reaktionstypen allergischer Erkrankungen, wie sie von *Coombs u. Gell* in klassischer Weise eingeteilt wurden (2), mit den typischen Veränderungen im Immunsystem bei LAV/HTLV-III*-Infektion zu vergleichen (1, 5, 8, 20).

Naturgemäß finden sich bei den Allergien vom verzögerten Typ (zelluläre Überempfindlichkeit, Typ IV) abgeschwächte Reaktionen (Tabelle 1).

Typ	
Typ I	?
Typ II	Thrombozytopenische Purpura
Typ III	vermehrt zirkulierende Immunkomplexe
Typ IV	Abgeschwächt

Tabelle 1: Typen allergischer Reaktionen (nach 2) und AIDS.

Erhöhte Konzentrationen von zirkulierenden Immunkomplexen im peripheren Blut finden sich bei AIDS

* jetzt: HIV

und bei allergischen Erkrankungen vom Typ III (Immunkomplex-Reaktion). Eine thrombozytopenische Purpura kann allergischer Natur sein (Typ-II- oder zytotoxische Reaktion); sie wird auch bei LAV/HTLV-III-Infektion nicht selten beobachtet (20), obwohl hier die Thrombozytenverarmung weniger durch spezifische antithrombozytäre Antikörper als vielmehr durch zirkulierende Immunkomplexe und deren Wirkung am Fc-Rezeptor hervorgerufen sein dürfte (9).

Erhöhte Konzentration von Immunkomplexen

Wenig gesicherte Erkenntnisse über Rolle atopischer Erkrankungen

Über die Rolle atopischer Erkrankungen (IgE-vermittelte oder Typ-I-Reaktion) bei LAV/HTLV-III-Infektion liegen trotz der zahlreichen Informationen über die Störungen in der zellulären und humoralen Immunantwort (Tabelle 2) wenig gesicherte Kenntnisse vor.

Tabelle 2: Humorale und zelluläre Immunstörungen bei AIDS.

Humoral
Polyklonale B-Zell-Aktivierung Vermehrte IgG- und IgA-Bildung Abgeschwächte IgM-Bildung Abgeschwächte Reaktion auf Neo-Antigene Vermehrt zirkulierende Immunkomplexe β_2-Mikroglobulin erhöht α-IFN ↑, α_1-Thymosin ↑ Induzierbare Suppressorfaktoren ↑ γ-IFN ↓ Thymulin ↓
Zellulär
Lymphopenie T_4-Zellen erniedrigt In-vitro-Stimulation abgeschwächt (MLR und Mitogene) In-vivo-Reaktion abgeschwächt Lymphokinproduktion gestört (besonders γ-IFN abgeschwächt) T_4-Funktion abgeschwächt (besonders für lösliche Antigenerkennung) NK-Zell-Funktion abgeschwächt Monozyten-Funktion abgeschwächt IL-1-Produktion erhöht

Wir untersuchten deshalb 69 Patienten aus unserer AIDS-Sprechstunde auf das Vorliegen atopischer Erkrankungen in der Eigen- und Familienanamnese sowie auf die Bildung von IgE und spezifischen IgE-Antikörpern im Serum.

Patienten und Methodik

Drei Patienten-Gruppen

69 männliche Patienten, die im Rahmen der AIDS-Sprechstunde die Dermatologische Klinik und Poliklinik der Ludwig-Maximilians-Universität aufsuchten, wurden untersucht. Dabei wurden drei Gruppen verglichen:

Gruppe I: LAV/HTLV-III-negative, gesunde, männliche Homosexuelle (n = 39)

Gruppe II: LAV/HTLV-III-positive, gesunde, männliche Homosexuelle (n = 10)

Gruppe III: Patienten mit LAS oder AIDS (LAV/HTLV-III-positiv) (n = 20), davon 4 Patienten mit ausgeprägtem AIDS und Kaposi-Sarkom.

Die Patienten wurden auf das Vorliegen atopischer Erkrankungen in der Eigen- und Familienanamnese befragt. Im Serum wurden die IgE-Konzentrationen mit dem Papier-Radio-Immuno-Sorbens-Test (PRIST, Pharmacia Uppsala) bestimmt. Spezifische IgE-Antikörper gegen 19 häufige Umweltallergene (Aero- und Nahrungsmittelallergene, siehe Tabelle 3) wurden mit dem Radio-Allergo-Sorbens-Test (RAST, Pharmacia Uppsala) bestimmt.

Tabelle 3: RAST-Screening.

Gräsermischung	Pferdeepithel
Lieschgras	Rinderepithel
Birke	Penicillium notatum
Beifuß	
D. pteronyssinus	Alternaria alternata
D. farinae	Hühnerei
Küchenschabe	Kuhmilch
Hausstaub (HS)	Sojabohne
Katzenepithel	Weizenmehl
Hundeepithel	Erdnuß

Im Intrakutantest mit Recall-Antigenen wurde die zelluläre Immunreaktion nach 48 Stunden quantifiziert. Im peripheren Blut wurde das Verhältnis der T4/T8-Lymphozyten-Subpopulationen mit monoklonalen Antikörpern mit Hilfe der Immunfluoreszenz bestimmt

(Prof. Dr. med. *G. Riethmüller,* Institut für Immunologie der Ludwig-Maximilians-Universität München).

Die Unterschiede zwischen den einzelnen Patientengruppen wurden mit Hilfe des χ^2- bzw. des Wilcoxon-Tests auf ihre statistische Signifikanz geprüft.

Ergebnisse

Höchste IgE-Konzentrationen bei gesunden männlichen Homosexuellen

Die höchsten durchschnittlichen IgE-Konzentrationen wurden mit einem Median von 570 kU/l in der Gruppe der gesunden nicht-infizierten Homosexuellen gemessen. Dabei betrug der Prozentsatz von Patienten mit Werten über 400 kU/l 25%. Deutlich niedrigere IgE-Serumspiegel fanden sich in den beiden anderen Gruppen mit 130 kU/l in Gruppe II und 160 kU/l in Gruppe III (Tabelle 4).

Keine statistisch signifikanten Unterschiede

Während die Unterschiede in den IgE-Serumspiegeln keine statistische Signifikanz erreichten, war die Häufigkeit des Auftretens spezifischer IgE-Antikörper im RAST (Tabelle 5) bei LAV/HTLV-III-positiven Patienten signifikant niedriger als in Gruppe I.

Tabelle 6 zeigt die Übersicht über die Spezifitäten der nachgewiesenen IgE-Antikörper, die im wesentlichen der bekannten Häufigkeit in Mitteleuropa entspricht. Es fiel auf, daß in den Gruppen II und III nur 2% spezifische Antikörper aufwiesen; bei den 4 Patienten mit ausgeprägtem AIDS waren in 2 Fällen deutlich erhöhte Serum-IgE-Spiegel nachzuweisen, jedoch bei negativem RAST-Ergebnis gegen die untersuchten Allergene.

Atopische Erkrankungen nur bei 5% der AIDS-Patienten

Ein ähnlicher Trend war bezüglich der Inzidenz atopischer Erkrankungen in der Eigenanamnese zu beobachten. Bei Patienten der Gruppe III waren nur in 5% atopische Erkrankungen bekannt. Bei den LAV/HTLV-III-negativen Patienten lag dieser Prozentsatz doppelt

Tabelle 4: Gesamt-IgE im Serum (normal < 100 kU/l).

Gruppe	Median (kU/l)	% Patienten mit Werten > 100 kU/l	> 400 kU/l
1 (n = 39)	570	36%	25%
2 (n = 10)	130	30%	10%
3 (n = 20)	160	20%	15%

Gruppe	% Pat. mit positivem RAST (19 Umweltallergene) insgesamt	≧ Klasse 2
1 (n = 39)	31%	21%
2 (n = 10)	0	0
3 (n = 20)	10%	10%

Tabelle 5: Spezifische IgE-Antikörper im Serum.

Gruppe 1:	
Birkenpollen	6 ×
Gräserpollen	5 ×
Katzenepithel	5 ×
D. pteronyssinus	3 ×
Pferdeepithel	2 ×
Beifußpollen	2 ×
Penicillium	2 ×
Hühnerei	1 ×
Sojabohne	1 ×
Alternaria	1 ×
Hundeepithel	1 ×
Küchenschabe	1 ×
Gruppe 2:	∅
Gruppe 3:	
1 × Birke, Beifuß, Katze	
1 × Gräser, Alternaria	

Tabelle 6: Spezifitäten der IgE-Antikörper.

Gruppe	Atopische Erkrankungen in der Eigenanamnese
1 (n = 39)	10%
2 (n = 10)	0
3 (n = 20)	5%

Tabelle 7: Atopie-Anamnese.

so hoch (Tabelle 7). In der Familienanamnese fanden sich zwischen den drei Gruppen keine signifikanten Unterschiede.

Keine Unterschiede in der Familienanamnese

Diskussion

Die Ergebnisse der vorliegenden Studie zeigen deutliche Unterschiede im Auftreten atopischer Erkrankungen und in der Intensität der IgE-Antikörperbildung innerhalb eines Kollektivs der Risikogruppe männlicher

Bei HIV-Infektion ist IgE-Antikörper-Bildung schwächer

Homosexueller. Bei Patienten mit LAV/HTLV-III-Infektion scheint die IgE-Antikörperbildung signifikant schwächer ausgebildet zu sein als bei nicht-infizierten homosexuellen Kontrollpersonen.

In der vorliegenden Studie wurden keine vergleichenden Analysen zu einem nicht-homosexuellen Kontrollkollektiv oder zur „Normalbevölkerung" allgemein durchgeführt. Aufgrund eigener Erfahrungen und in Übereinstimmung mit der Literatur erscheinen uns jedoch die in der Gruppe I (LAV/HTLV-III-negative Homosexuelle) beobachteten Häufigkeitsraten atopischer Erkrankungen sowie der IgE-Antikörperbildung denen der Allgemeinbevölkerung in westlichen Ländern zu entsprechen (7, 10, 13, 17).

Es ist bekannt, daß „latente" Sensibilisierungen, die sich im Hauttest oder im RAST fassen lassen, sehr viel häufiger auftreten als die manifeste atopische Erkrankung. Wir schließen daraus, daß die IgE-Bildung bzw. das Vorliegen einer atopischen Erkrankung in keiner oder eventuell sogar einer entgegengesetzt gerichteten Beziehung zur LAV/HTLV-III-Infektion stehen.

Relevanz der Befunde noch offen

Es erscheint zu früh, über die Relevanz dieser Befunde zu spekulieren, da es aufgrund der vorliegenden Daten nicht möglich ist, zu sagen, ob die LAV/HTLV-III-Infektion eine IgE-Produktion hemmt oder ob atopische Individuen mit hoher IgE-Produktion möglicherweise ein geringeres Risiko für eine LAV/HTLV-III-Infektion tragen,

Longitudinal-Studien an einem größeren Kollektiv

Tabelle 8: AIDS und Atopie: Ätiopathogenese.

	AIDS	Atopie
Genetik	?	+
Auslöser	Infektion LAV/HTLV III	Allergen
Umweltkofaktoren (z. B. Viren, toxische Stoffe, Immunschwächung)	?	?
Rolle von T-Zellen	++	+
DTH-Reaktion (in vitro und in vivo)	↓↓	↓
Defekte Subpopulation	T_4	T_8 (?)
Isotypische Regulationsstörung	IgM ↓	IgE ↑

von Patienten in verschiedenen Erkrankungsphasen der LAV/HTLV-III-Infektion sollten geeignet sein, diese Fragen zu klären.

Gemeinsamkeiten in der Ätiopathogenese von AIDS und Atopie

Neben Unterschieden bestehen jedoch auch zahlreiche Gemeinsamkeiten in der Ätiopathogenese von AIDS und Atopie (Tabelle 8). Bei beiden Erkrankungen kommt den T-Lymphozyten eine entscheidende pathogene Bedeutung zu. Bei beiden Erkrankungen sind Abschwächungen der zellulären Immunität, wie sie zum Beispiel im Intrakutantest erfaßt werden, beschrieben (11, 19, 21). Daneben weisen beide Erkrankungen Störungen in der isotypischen Regulation auf: bei LAV/HTLV-III-Infektion ist die IgM-Reaktion auf Neoantigene abgeschwächt (3, 4, 8). Bei Atopie stellt die erhöhte IgE-Synthese, die sich in vitro und in vivo fassen läßt (6, 14, 16), einen der charakteristischsten Befunde dar.

Während bei LAV/HTLV-III-Infektion der wesentliche Defekt in der Subpopulation der T4-Rezeptor-tragenden Zellen liegt (dabei handelt es sich nicht nur um Lymphozyten, sondern auch um Monozyten und Nervenzellen), wird in der Pathogenese atopischer Erkrankungen ein Defekt der Suppressor-Zell-Population (T8-Subpopulation) diskutiert (18). Dabei sind die Mechanismen der IgE-Regulation genauso wenig bekannt wie die der gestörten IgM-Antikörperbildung bei AIDS.

Konsequenzen

Zusammenarbeit zwischen Immunologie und Allergologie

Unabhängig von diesen grundsätzlichen Überlegungen kann die Frage der Beziehung von IgE-Bildung, Atopie und AIDS große praktische Bedeutung erlangen, wenn man an das Risiko allergischer Unverträglichkeitsreaktionen gegen Vakzinen oder Fremdproteine (z. B. monoklonale Antikörper) denkt, die als mögliche Therapieverfahren zur Zeit erforscht werden. Man kann hoffen, daß sich die beiden Disziplinen der Allergologie und der Immunologie durch verstärkte Forschungsanstrengungen auf den jeweiligen Gebieten gegenseitig befruchten und so vielleicht zur unerwarteten Lösung zahlreicher noch ungeklärter Probleme beitragen.

Literatur

1. **Braun-Falco, O. u. Mitarb.:** Münch. med. Wschr. 125 (1983) 1135–1139.
2. **Coombs, R. R. A., Gell, P. G. H.:** The classification of allergic reactions underlying disease. In: Clinical aspects of immunology (Gell, P. G. H., Coombs, R. R. A., eds.), S. 317. Davis, Philadelphia 1963.
3. **Dylewski, J., Chon, S., Merigan, T. C.:** New Engl. J. Med. 309 (1983) 493.
4. **Fauci, A. S.:** Clin. Res. 32 (1984) 491.
5. **Gallo, R. C. u. Mitarb.:** Science 224 (1984) 500.
6. **Ishizaka, K.:** Allergy 18 (1983) 52–60.
7. **Kjellman, N. I.:** Immunoglobulin E and atopic allergy in childhood. Medical Dissertation No. 36, pp. 1–64, University of Linköping, Sweden 1976.
8. **Lane, H. C. u. Mitarb.:** New Engl. J. Med. 309 (1983) 453–458.
9. **Morris, L. u. Mitarb.:** Ann. intern. Med. 96 (1982) 714.
10. **Przybilla, B., Ring, J., Völk, M.:** Hautarzt 37 (1986) 77–82.
11. **Rajka, G.:** Atopic dermatitis. Saunders, London 1975.
12. **Ring, J.:** Angewandte Allergologie. MMW-Verlag, München 1982.
13. **Ring, J.:** Was ist Atopie? In: Fortschritte der praktischen Dermatologie und Venerologie (Braun-Falco, O., Burg, G., Hrsg.), Bd. X, S. 103–111. Springer, Berlin–Heidelberg–New York 1983.
14. **Ring, J., Senner, H.:** Monogr. Allergy 18 (1983) 242–245.
15. **Rieber, P., Riethmüller, G.:** Lancet (1986/I) 270.
16. **Sampson, H. A., Buckley, R. H.:** J. Immunol. 127 (1981) 829.
17. **Schnyder, U. W.:** Int. Arch. Allergy Appl. Immunol. 17 Suppl. (1960) 1–106.
18. **Stingl, G. u. Mitarb.:** J. Invest. Dermatol. 76 (1981) 468.
19. **Strannegard, I. L., Lindholm, L., Strannegard, Ö.:** Int. Arch. Allergy Appl. Immunol. 50 (1976) 684–692.
20. **de Vita, V. T., Hellman, S., Rosenberg, S. A. (eds.):** Lippincott, Philadelphia 1985.
21. **Wüthrich, B.:** Zur Immunpathologie der Neurodermitis constitutionalis. Huber, Bern 1975.

HIV-Infektion bei Hämophilen

K. Hasler, H. Engler, H. Berthold

Bei 36 Patienten im Alter von 15 bis 75 Jahren werden Antikörper gegen HIV, früher und in diesem Beitrag „Human T Lymphotropic Virus Typ III (HTLV III)“ bzw. „Lymphadenopathy Associated Virus (LAV)“ genannt, bestimmt.

34 Patienten haben eine Hämophilie A und 2 Patienten eine Hämophilie B (Tabelle). Bei 26 Patienten wird eine schwere Form (Faktor- VIII-Gerinnungsaktivität < 1%), bei weiteren 5 Patienten eine mittelschwere Form (Faktor-VIII-Gerinnungsaktivität >1 bis 4%) und bei 3 Patienten eine leichte Form der Hämophilie A (Faktor-VIII-Gerinnungsaktivität > 5 < 60%) nachgewiesen.

Jeweils ein weiterer Patient hat eine mittelschwere Form (Faktor-IX-Gerinnungsaktivität von 3%) bzw. eine leichte Form (Faktor-IX-Gerinnungsaktivität von 6%) der Hämophilie B.

Klinisch auffällig ist nur der 27jährige Patient 30 mit einer mittelschweren Form der Hämophilie A durch seine generalisierte Lymphknotenvergrößerung. Je nach Blutungsfrequenz wird er jährlich mit 50 000 bis 60 000 Einheiten Faktor-VIII-Konzentrat behandelt.

Antikörper-Bestimmung mit zwei Testsystemen

Methoden

Die Faktor-VIII-Gerinnungsaktivitäts-(F VIII: C-) Bestimmung erfolgt mit dem Einstufentest mit Faktor-VIII-Mangelplasma (Immuno).

Für die Faktor-VIII-Inhibitor-(F VIII: C-HK-)Bestimmung wird die Bethesda-Methode von *Kasper u. Mitarb.* (1975) angewandt.

Die Faktor-IX-Gerinnungsaktivitäts-(F IX: C-)Bestimmung wird mit dem Einstufentest mit Faktor-IX-Mangelplasma durchgeführt.

Antikörper gegen HTLV III/LAV (Anti-HTLV III/LAV) werden im Serum der Patienten mit dem Elisa-Organon-Enzymtest nachgewiesen. Bei Antikörpernachweis erfolgt die Kontrolle mit dem Immunoblot-Verfahren.

Ergebnisse

Bei 18 Hämophilen wird 1983 Serum auf Anti-HTLV III/LAV untersucht (Tabelle 1). Ein Hämophiler (Patient 21, schwere Form der Hämophilie A mit einer Hemmkörperbildung gegen die Faktor-VIII-Gerinnungsaktivität) weist Antikörper auf.

Ein Patient von 18 ist infiziert

1984 werden weitere 9 Hämophile auf Antikörper untersucht. 3 Hämophile weisen einen positiven Befund auf (Patient 7 mit einer schweren Form der Hämophilie

Tabelle 1: HIV-Infektion bei 36 Hämophilen.

Patient		FVIII: C	FIX: C	FVIII: C-HK	Anti-HTLV III		
n	Alter	(%)	(%)	(BE)	1983	1984	1985
1	22	< 1		< 0,40			pos.
2	33	< 1		< 0,40		neg.	neg.
3	64	< 1		0,45		neg.	–
4	48	< 1		0,50	neg.		neg.
5	35	< 1		0,55	neg.		pos.
6	24	< 1		0,58			pos.
7	28	< 1		0,60		pos.	pos.
8	62	< 1		0,68	neg.		neg.
9	32	< 1		0,70	neg.		pos.
10	31	< 1		0,70	neg.		neg.
11	61	< 1		0,70		neg.	neg.
12	27	< 1		0,75	neg.		–
13	42	< 1		0,75	neg.		neg.
14	25	< 1		0,90	neg.		pos.
15	44	< 1		1,00	neg.		neg.
16	44	< 1		1,15	neg.		–
17	43	< 1		1,15	neg.		neg.
18	27	< 1		1,17	neg.		neg.
19	23	< 1		1,25	neg.		neg.
20	44	< 1		1,80		neg.	neg.
21	29	< 1		2,70	pos.		pos.
22	30	< 1		2,72		neg.	neg.
23	64	< 1		3,20			neg.
24	47	< 1		108,00			neg.
25	45	< 1		130,00	neg.		neg.
26	44	< 1		814,00	neg.		neg.
27	29	1,2		< 0,40	neg.		pos.
28	15	1,5		0,60			neg.
29	26	1,5		< 0,40			pos.
30	27	1,7		< 0,40		pos.	pos.
31	20	1 – 4		< 0,40		pos.	pos.
32	65	8					neg.
33	30	17				neg.	neg.
34	25	34					neg.
35	37	45	3		neg.		neg.
36	75	46	6				neg.
Normalbereich:		60–160	60–160	< 0,40	neg.	neg.	neg.

A, die Patienten 30 und 31 sind Brüder mit einer mittelschweren Form der Hämophilie A).

Von Januar bis Juli 1985 werden insgesamt 33 Hämophile auf Anti-HTLV III/LAV untersucht. 11 Hämophile haben Antikörper. 7 Hämophile (Patienten 1, 5, 6, 7, 9, 14, 21) haben davon eine schwere Form der Hämophilie A, während 4 Hämophile (Patienten 27, 29, 30, 31) eine mittelschwere Form der Hämophilie A mit einer Faktor-VIII-Gerinnungsaktivität > 1 bis 4% aufweisen.

Vier Serokonversionen in zwei Jahren

In dem Zeitraum von 1983 bis Juli 1985 zeigen die hämophilen Patienten 5, 9, 14 und 27 eine Serokonversion.

Patient 5 ist ein 35jähriger Mann mit einer schweren Form der Hämophilie A. Entsprechend seiner geringen Blutungsneigung erhält er jährlich 10 000 Einheiten Faktor-VIII-Konzentrat.

Patient 9 ist ein 32jähriger Mann mit einer schweren Form der Hämophilie A. Die Heimselbstbehandlung erfolgt über den Hausarzt mit Faktor-VIII-Konzentrat. Der ambulante Konzentratverbrauch ist nicht bekannt.

Patient 14 ist ein 25jähriger Mann mit einer schweren Form der Hämophilie A. Wegen rezidivierender Gelenkblutungen werden > 100 000 Einheiten/Jahr Faktor-VIII-Konzentrat verabreicht.

Patient 27 ist ein 29jähriger Mann mit einer mittelschweren Form der Hämophilie A. Die Heimselbstbehandlung erfolgt über den Hausarzt mit 2 × 1000 Einheiten Faktor-VIII-Konzentrat pro Woche.

Diskussion

Erhöhtes Risiko für Hämophile

Seroepidemiologische und immunologische Untersuchungen sprechen dafür, daß das humane Retrovirus HTLV III/LAV das ursächliche Agens für das erworbene Immunmangelsyndrom (AIDS) darstellt. Infolge der Übertragbarkeit des Virus durch Blutderivate haben die Hämophilen wegen der chronischen Substitution mit Faktor-VIII-Konzentraten ein erhöhtes Risiko, an AIDS zu erkranken. Die Literatur weist aus, daß in den USA 27 bis 55% der asymptomatischen Homosexuellen, 60 bis 87% der sich intravenös injizierenden Dro-

In den USA sind 72% der Hämophilen mit HIV infiziert

gensüchtigen und 72% der Hämophilen Antikörper gegen HTLV III/LAV (Anti-HTLV III/LAV) aufweisen.

Unsere Untersuchungsergebnisse zeigen im Vergleich zum Jahre 1983 eine Zunahme der HTLV-III/LAV-Infektion bei den Hämophilie-A-Patienten. Während 1983 6% der Hämophilen seropositiv waren, sind es im 1. Halbjahr 1985 schon 33%, aber nur ein seropositiver Hämophiler hat eine generalisierte Lymphadenopathie. Damit ist die Häufigkeit der HTLV-III/LAV-Infektion in unserem Krankengut im Vergleich mit den untersuchten Hämophilen in den USA deutlich niedriger. Als AIDS-Risikopatienten würden wir nur den hämophilen Patienten mit seiner generalisierten Lymphadenopathie ansehen.

Nachdem sowohl bei den Patienten mit einer schweren Form als auch mit einer mittelschweren Form der Hämophilie A Antikörper gegen HTLV III/LAV nachgewiesen worden sind, scheint die Substitutionshäufigkeit bzw. die Faktor-VIII-Konzentratmenge für die HTLV-III/LAV-Infektion nicht entscheidend zu sein.

Bei beiden Patienten mit einer Hämophilie B wurden keine Antikörper gegen HTLV III/LAV nachgewiesen. Beiden Patienten waren Prothrombinfaktoren-Konzentrate wegen Ausräumung eines ausgedehnten glutäalen Hämatoms bzw. Operation einer Prostatahypertrophie wegen Harnverhaltung infundiert worden.

Nur noch inaktivierte Faktor-VIII-Konzentrate einsetzen

Da die Hämophilen wegen ihrer Blutungen chronisch mit Faktor-VIII-Konzentraten behandelt werden müssen, ist in Zukunft nur die Behandlung mit HTLV-III/LAV-inaktivierten Faktor-VIII-Konzentraten vertretbar. Zu fordern ist deshalb eine engmaschige Untersuchung aller Blutspender auf Anti-HTLV III/LAV.

Literatur beim Verfasser

Heroinabhängige und AIDS

Erste epidemiologische Daten und Vorschläge zur Reduzierung der Übertragungswege

B. Dulz, R. Schmidt

Die epidemiologischen Daten bezüglich der Drogenabhängigen (Fixer) mit positiven HIV-Befunden (human T-cell lymphotropic retrovirus) sind derzeit ebenso spärlich wie widersprüchlich. *Pauli u. Mitarb.* berichten, daß HIV-positive Seren erstmalig im Herbst 1982 gefunden wurden (6). *Dietrich* teilte im Oktober 1983 noch über AIDS (Acquired Immune Deficiency Syndrome) mit, daß auch drogenabhängige Männer zur Risikogruppe gehören (1), also keine drogenabhängigen Frauen. Bis März 1984 waren in Europa lediglich zwei Patienten (0,5%) bekannt, deren einziger Risikofaktor ihre Drogenabhängigkeit war und die an ARC (AIDS Related Complex) litten (7). Im Niedersächsischen Landeskrankenhaus Brauel wurden bei 15 von 62 jugendlichen Drogenabhängigen Antikörper gegen den mutmaßlichen AIDS-Erreger festgestellt (5), das heißt bei 24%. *Pauli u. Mitarb.* fanden bei 22% der Fixer HIV-Antikörper (6). Laut *Hardy u. Mitarb.* werden bei Drogenabhängigen Neuerkrankungen von bis zu ein bis zwei pro Tausend pro Jahr festgestellt (3). Weiterhin wurde bei Fixern von 4% mit AIDS-Erkrankungen ebenso berichtet (2) wie von drei Fällen gleich 60% (4).

Epidemiologische Daten sind widersprüchlich

Entzugstherapie

Im Haus 25 (Drogenstation) der Suchtpsychiatrischen Abteilung des Allgemeinen Krankenhauses Ochsenzoll in Hamburg werden überwiegend junge Abhängige, die Drogen intravenös appliziert haben, einer Entzugstherapie zugeführt, körperlich untersucht und auf die nachfolgende Langzeittherapie in einer Wohngemeinschaft vorbereitet. Nahezu alle Patientinnen und ein beachtlicher Teil der Patienten haben sich das zur Heroinbeschaffung nötige Geld durch Prostitution verdient.

Prostitution als Geldquelle für den Heroin-Konsum

Alle Patienten werden nach Zustimmung getestet

Wir unterziehen alle Patienten dem HIV-Antikörper-Test, sofern diese ausdrücklich zustimmen. Bisher hat lediglich ein Patient, der zudem seine Drogen nicht intravenös appliziert hatte, dieser Diagnostik nicht zugestimmt. Diese doch hohe Compliance ist nicht zuletzt dadurch erreichbar, daß wir den HIV-Antikörper-Test anonym, also nur numeriert, in das Labor geben.

Erste Ergebnisse

Zehn von 31 Tests positiv

Insgesamt wurden 31 Patienten, von denen wir wußten, daß sie Drogen intravenös appliziert und dabei mindestens einmal mit einem oder mehreren anderen eine Injektionskanüle bzw. -spritze gemeinsam benutzt haben, auf HIV-Antikörper untersucht. Zehn Tests davon fielen positiv aus (32%). Von jenen Patienten, die entweder nur ein eigenes Injektionsbesteck benutzt haben oder die Drogen nicht intravenös appliziert haben, war keiner HIV-positiv. Der Anteil der HIV-positiven Männer (N = 19) betrug 31,6% (N = 6), jener der Frauen (N = 12) 33,3% (N = 4).

Als Nebenergebnis ist erwähnenswert, daß kein Mitarbeiter des Hauses 25 HIV-Antikörper aufwies (N = 11). Der einzige positive Befund unter dem Personal erwies sich nach zwei negativ ausgefallenen Kontrolluntersuchungen als falsch-positiv.

Diskussion

Während berichtet wurde, daß in den USA der Anteil der weiblichen AIDS-Erkrankten nur etwa 7% ausmacht (7), fanden wir ein ausgewogenes Verhältnis zwischen Männern und Frauen. Dies ist dadurch erklärbar, daß die meisten epidemiologischen Studien die Erkrankungsraten von Homosexuellen erfaßt haben, bei unseren Patienten aber gerade die Frauen ein promiskes Sexualverhalten (Prostitution) aufweisen.

Patienten wissen über die Gefahren Bescheid

Schon jetzt erscheinen einige Maßnahmen überfällig, die die weitere Verbreitung von AIDS eindämmen helfen können. Fast alle unsere Patienten sind recht genau über die Gefahr informiert, sich bei gemeinsamer Benutzung eines Injektionsbesteckes infizieren zu können. Uns sind bereits vier Fälle bekannt, bei denen ein Patient mit einem anderen Abhängigen die gleiche „Nadel" benutzt hat, bevor sein HIV-Test während einer stationären Behandlung bei uns dann positiv ausfiel. Der HIV-Befund der „Zweitbenutzer" fiel nun ebenfalls positiv aus. Diese Patienten sind bereits vor der Begegnung mit dem HIV-positiven Abhängigen in unserer stationären Behandlung gewesen. Anhand der uns vorliegenden Labordaten aus beiden Aufenthalten und der zeitlichen Abfolge der Ereignisse liegen hier Beispiele für den Infektionsweg über gemeinsam benutzte Injektionsbestecke vor.

Infektionsweg „gemeinsames Injektionsbesteck" nachgewiesen

Allerdings, sofern verfügbar, ist es unter Heroinabhängigen selbstverständlich, ein eigenes Injektionsbesteck zu verwenden. Als „ungeschriebenes Gesetz" gilt sogar, daß vor allem Fixer mit bekannter HBV-Infektion eine eigene „Nadel und Pumpe" (Kanüle und Spritze) benutzen. Sind diese jedoch nicht vorhanden, wird vor allem bei drohendem oder manifestem Entzug von jeder Sicherheitsmaßnahme abgesehen. Trotz der objektiv größeren Bedrohung durch AIDS ist die Problematik identisch: Kein Fixer wird sich durch irgendeine, zumal meist verdrängte Gefahr von einem „nötigen Schuß" abbringen lassen.

Gerade über Heroin injizierende Frauen, die fast alle der Prostitution nachgehen, werden AIDS-Erreger weitergegeben, die lediglich zu der „Risikogruppe Sexualpartner von Prostituierten" gehören.

Eine Ausbreitung von AIDS innerhalb der Risikogruppe der Fixer und deren Sexualpartnern ist also nur dadurch einzuschränken, daß Drogenabhängigen sterile Spritzen und Kanülen kostenlos und anonym zur Verfügung gestellt werden, empfehlenswerterweise in Verbindung mit einem Beratungsangebot. Durch eine derartige Abgabe von „Fixer-Utensilien" würde kein Abhängiger vermehrt Drogen zu sich nehmen.

Spritzen und Kanülen für Fixer kostenlos bereitstellen

Für ehemalige Fixer mit positivem HIV-Befund sollten Gesprächsgruppen unter kompetenter ärztlicher Leitung angeboten werden, in denen medizinische Befunde und AIDS-Verläufe ebenso angesprochen und diskutiert werden wie die erheblichen psychischen Belastungen der Betroffenen. Sinnvoll wäre auch eine Förderung von Selbsthilfegruppen. Allein die Kenntnis eines positiven Befundes stellt eine so enorme psychische Belastung dar, daß selbst jahrelang abstinente ehemalige Drogenabhängige besonders leicht Gefahr laufen, rückfällig zu werden.

Selbsthilfe-Gruppen fördern

Literatur

1. **Dietrich, M.:** Empfehlung zum Umgang mit Patienten mit AIDS. Schreiben vom 3. 10. 1983.
2. **Gesundheitsladen Hamburg:** Info. Nr. 39 vom 20. 12. 1984.
3. **Hardy, A. M. u. Mitarb.:** The Incidence Rate of Acquired Immunedeficiency Syndrome in Selected Populations. J. Amer. Med. Ass. 283 (1985) 215.
4. **Krejci, N.:** Das Virus, das AIDS verursacht. Selecta Nr. 6 (1985) 430–435.
5. **Niedersächsisches Landeskrankenhaus Brauel:** Kontakt mit mutmaßlichem AIDS-Erreger bei zahlreichen Drogenabhängigen nachgewiesen. Informationsblatt der Klinik vom 5. 10. 1984.
6. **Pauli, G. u. Mitarb.:** Nachweis von Antikörpern gegen das Humane Limphotrope Retrovirus Typ III in Risikogruppen für AIDS. Undated, mimeographed.
7. **Velimirovic, B.:** Situation von AIDS in Europa. Münch. med. Wschr. 46 (1984) 1369–1371.

HIV-2: Auftreten und Folgen

H. D. Brede, H. Rübsamen

Eine neue Form des HIV (*H*umanes *I*mmunmangel-*V*irus), HIV-2, ist in der Bundesrepublik aufgetreten und wirft Fragen der Serodiagnostik auf. Zwangsläufig ergeben sich aus Zufallsbeobachtungen zwingende Notwendigkeiten, die vor allem die Sicherheit der Blutprodukte, aber auch der ganzen HIV-Diagnostik betreffen.

HIV-2: Herausforderung für die Serodiagnostik

HIV-2 hat nur wenige serologische Gemeinsamkeiten mit HIV-1, dem nach der alten Nomenklatur LAV/HTLV III genannten Retrovirus, das unter anderem auch die Grundlage für das klinische Bild des AIDS schafft. HIV-2 kann nach allen bisherigen Beobachtungen nach teilweise sehr langen Inkubationszeiten ebenfalls AIDS verursachen. Es muß also zuverlässig diagnostisch erfaßt werden, um seine Übertragung zu vermeiden. Dazu bieten sich ein am Chemotherapeutischen Forschungsinstitut Georg-Speyer-Haus in Frankfurt entwickelter Immunfluoreszenztest, der spezifisch HIV-2 erfaßt, ELISAs, Western-Blot-Tests und Viruskulturen an.

Auch HIV-2 verursacht AIDS

Die in einem erheblichen Umfang vorliegenden Mitreaktionen der HIV-2-Antikörper in bestehenden HIV-1-Testsystemen lassen vermuten, daß die bis jetzt nicht diagnostizierten HIV-2-Fälle zahlenmäßig gering sind. Mit dieser Feststellung darf die Problematik aber nicht als gelöst aufgefaßt werden. Da jeder AIDS-Fall ein Fall zu viel ist, müssen schleunigst alle zugelassenen HIV-Testsysteme auf ihr Vermögen untersucht werden, HIV-2 ebenfalls zu erkennen. Auch wenn die Zahl der dadurch primär zu Unrecht verdächtigten Fälle steigt, so ist es den Bestätigungstests zu überlassen, hier korrigierend einzugreifen.

Wichtig ist, daß HIV-2 nicht durch die Hintertür über Blut und Blutprodukte durch ein blindes Testsystem in die Bevölkerung eindringt. Deshalb muß gefordert werden, daß künftig nur Tests verwendet werden, die auch HIV-2-positive Seren erkennen. Dies kann zunächst durch weitere vergleichende Untersuchungen abgeklärt werden. Zusätzlich sind Bestätigungstests erforderlich, die über das Vermögen der meisten Routinelaboratorien hinausgehen und auf kurze Sicht die Schaffung von ,,Leitstellen" für die AIDS-Diagnostik erforderlich machen.

Die ,,Hintertür" verstellen

Woher kommt AIDS? Schon in den sechziger Jahren fielen in Südafrika Wanderarbeiter aus Zentralafrika auf, die offensichtlich ein zusammengebrochenes Immunsystem hatten, ein Kaposi-Sarkom aufwiesen und atypische Mykobakterieninfektionen neben Soor und anderen Opportunisten zeigten. Sie galten als wenig infektiöse Langzeitpatienten mit schlechter Prognose. Der Begriff AIDS existierte noch nicht, die Differenzierung der T-Zellen in Helfer- und Suppressor-Zellen begann erst, und monoklonale Antikörper waren noch ein

Wunschtraum. Es ist als selbstverständlich anzusehen, daß in diesem Zusammenhang auch langfristige, schleichende Virusinfektionen weitergegeben wurden. Hierzu gehörten mit hoher Wahrscheinlichkeit Infektionen mit Retroviren.

Kasuistiken aus Afrika

Rückblickend fallen jetzt HIV-2-Infektionen bei ehemaligen portugiesischen Soldaten auf, die sich zwischen 1968 und 1974 in Angola, Mozambique und Guinea Bissau infizierten und erst 16 bis 18 Jahre später klinisch sichtbar AIDS entwickelten. Typisch ist die Geschichte eines weißen Portugiesen, der zwischen 1968 und 1974 in Angola lebte, erst in der portugiesischen Marine diente, dann als Lastwagenfahrer zwischen Angola und Mozambique eingesetzt war. Der Mann war weder homosexuell noch rauschgiftsüchtig und hatte niemals eine Bluttransfusion empfangen. Seit 1977 erkrankte er wiederholt an opportunistischen Infektionen, 1980 starb er in Paris. Sein Serum wurde eingefroren und enthält Antikörper gegen Oberflächenantigene von HIV-2, aber nicht von HIV-1 (1).

Epidemiologisch kommt HIV-2 über Portugal oder Brasilien von Afrika nach Europa. Dabei ist es noch unklar, ob diese Form des Immunmangelsyndroms tatsächlich aus Westafrika kommt oder nur zufällig aus Menschen, die in diesen Gebieten gelebt haben, erstmalig isoliert wurde. Es scheint bis jetzt, als ob das Risiko der Übertragung von HIV-2 von der Mutter auf ihre Kinder geringer wäre. Weitere epidemiologische Studien sind dringend erforderlich.

Doppelinfektionen denkbar

Doppelinfektionen sind denkbar. Im Georg-Speyer-Haus fiel auf, daß Blutproben aus Ruanda in einem überwiegenden Prozentsatz Antikörper gegen beide HIV-Typen aufwiesen, während etwa die Hälfte der Seropositiven nur mit HIV-1 reagiert und die meisten anderen nur schwache Reaktionen mit HIV-2 aufweisen. Ob es sich hier um Kreuzreaktionen handelt oder ob Mischinfektionen vorliegen, bedarf der weiteren Klärung.

Die *Variationsbreite der humanen Immunmangelviren* sollte intensiv weiter erforscht werden. In der Bundesrepublik hat sich auf diesem Gebiet ein Schwerpunkt im

Chemotherapeutischen Forschungsinstitut Georg-Speyer-Haus gebildet (3,4). Der schnelle Antigenwechsel und die Vielfalt dieser Virusgruppe zwingen zu weiteren kostenaufwendigen Untersuchungen, da sie für diagnostische und therapeutische Fragen entscheidend sein werden. Außerdem lassen sie schon jetzt Schwierigkeiten bei der Impfstoffherstellung ahnen.

Schwierigkeiten bei der Impfstoff-Herstellung voraussehbar

Auf dem Gebiet der HIV-2-Diagnostik droht eine weitere Verwirrung durch die Gleichsetzung des von *M. Essex* isolierten HTLV-IV von gesunden Senegalesen mit dem von *Montagnier* isolierten LAV-2 = HIV-2. Einige bundesdeutsche Virologen benutzen diesen „Essex-Stamm" für die HIV-2-Diagnostik. Es sollte erst geklärt werden, ob dieser Stamm nicht identisch mit dem STLV-III, einem Affen-Stamm, ist. Auf keinen Fall darf auf Grund der Isolierung von HTLV-IV aus gesunden Senegalesen davon ausgegangen werden, daß alle HIV-2-Infektionen apathogen wären und deshalb aus Sicherheitsgründen vernachlässigt werden dürften. Es empfiehlt sich, zur Diagnostik das authentische LAV-2 zu verwenden.

Zunächst erscheint uns eine zusätzliche routinemäßig durchgeführte HIV-2-Serologie noch nicht erforderlich. Sie sollte auf Fälle aus Afrika, Brasilien und Portugal beschränkt bleiben. Dringend erforderlich ist eine Selektion der derzeit verwendeten HIV-1-Labormethoden in dem Sinne, daß künftig nur noch Tests verwendet werden, die auch HIV-2-positive Seren erkennen.

Test-Entwicklung für HIV-2-Antikörper dringlich

Literatur

1. **Ancelle, R. u. Mitarb.:** Long incubation period for HIV-2-Infection: Lancet (1987/I) 688–689.
2. **Brede, H. D.:** Virologie und Infektiologie 1986. Münch. med. Wschr. 128 (1986) 891–982.
3. **Rübsamen-Waigmann, H. u. Mitarb.:** Varianten in AIDS-assoziierten LAV-HTLV-III-Retroviren. Münch. med. Wschr. 128 (1986) 94–96.
4. **Rübsamen-Waigmann, H. u. Mitarb.:** Isolation of variants of lymphocytopathic retroviruses from the peripheral blood and cerebrospinal fluid of patients with ARC or AIDS. Journal of Med. Virology (1986) 335–344.
5. **Saimot, A. G. u. Mitarb.:** HIV-2/LAV-2 in portuguese man with AIDS (Paris 1978) who had served in Angola in 1968–1974. Lancet (1987/I) 688.

Antikörper gegen HIV-2 (LAV-2)

Untersuchungen bei Personen mit AIDS oder AIDS-Risiko aus der Bundesrepublik Deutschland

L. Biesert, H. v. Briesen, H. W. Doerr, A. Immelmann, S. Staszewski, R. Wegner, I. Scharrer, W. Kreuz, H. Rübsamen-Waigmann

HIV-2 aus West-Afrika

Im Sommer 1986 wurde von der Forschergruppe um *Luc Montagnier* am Pasteurinstitut in Paris die Entdekkung eines neuen Typs des AIDS-Erregers beschrieben, HIV-2 oder LAV-2 genannt (4). Dieses Virus stammte aus AIDS-Patienten, deren Heimat Guinea Bissau bzw. die Kapverdischen Inseln waren.

HIV-2 zeichnet sich dadurch aus, daß es mit dem ursprünglich von *Montagnier* entdeckten AIDS-Virus-Prototyp, dem LAV (= HIV-1), serologisch kaum verwandt ist. Die meisten Proteine des HIV-2 reagieren nicht mit Antikörpern gegen die Proteine des HIV-1. Lediglich ein internes Strukturprotein des Virus, das p24, sowie ein Protein mit einer Molekülmasse von 55 kD (p55) werden noch erkannt. Trotz dieser entfernten Verwandtschaft scheint das HIV-2, wie aus seiner Isolierung aus AIDS-Patienten geschlossen wird, in der Lage zu sein, das Vollbild des tödlichen AIDS auszulösen.

Enge biologische Verwandtschaft der beiden AIDS-Erreger

Biologisch ist HIV-2 dem HIV-1 sehr ähnlich. Es ist ein Retrovirus, vermehrt sich vorwiegend in T-Lymphozyten und zerstört diese. Die kürzlich publizierte Klonierung und genetische Charakterisierung von HIV-2 ergab (5), daß dieses Virus LTR-Strukturen besitzt (diese spielen eine wichtige Rolle bei der Integration des Virus in die DNA der Wirtzelle sowie bei seiner Vermehrung), die denen des Affenvirus STLV-$III_{(mac)}$ ähnlicher sind als denen des HIV-1. Die Verwandtschaft zum STLV-$III_{(mac)}$ wird weiterhin dadurch unterstrichen, daß das Hüllglykoprotein des HIV-2, gp 140, nicht nur mit Seren aus HIV-2-infizierten AIDS-Patienten, sondern auch mit Seren aus STLV-III-infizierten Makakken reagiert (1). Interessanterweise besitzen die Hüllproteine von HIV-2 und STLV-III dieselbe relative Molekülmasse.

Von *P. J. Kanki* aus der amerikanischen Arbeitsgruppe von *M. Essex* wurde die Isolierung eines weiteren Retrovirus beschrieben, das HTLV-IV genannt wurde. Im Gegensatz zu HIV-2 wurde es aus drei gesunden Senegalesen gewonnen, scheint also nicht pathogen zu sein. Ebenso wie HIV-2 ist es serologisch mit dem Affenvirus STLV-III verwandt (6); es könnte jedoch auch mit ihm identisch sein.

HTLV-IV vermutlich mit Affen-Virus identisch

Alle bisherigen Untersuchungen an HIV-Isolaten ergaben, daß das AIDS-Virus eine sehr hohe biologische und genetische Variabilität besitzt. Bei HIV-1-Isolaten, bei denen die Nukleinsäuresequenz bestimmt wurde, waren zwischen verschiedenen Isolaten 10 bis 25% der Aminosäuren ausgetauscht (1, 2, 7). Beim HIV-2 liegt dieser Prozentsatz noch höher (5). Es kann daher als eine noch weiter entfernte Variante des HIV-1 angesehen werden. Aufgrund der geringen serologischen Kreuzreaktivität mit HIV-1 war es dennoch sinnvoll, dem neuen Isolat eine eigene Bezeichnung zu geben.

HIV-2 hat vermutlich höhere Variabilität als HIV-1

Wegen der Fähigkeit des HIV, in das Erbmaterial der befallenen Zelle zu integrieren, ist der Infizierte vermutlich lebenslang Virusträger und potentieller Überträger. Da ein routinemäßiger Virusnachweis bisher zu aufwendig ist, beruhen die zur Zeit in der Routine verwendeten Methoden zur Prüfung auf eine erfolgte Infektion mit HIV auf dem Nachweis von virusspezifischen Antikörpern. Als einfacher und schnell durchzuführender Screening-Test hat sich der ELISA durchgesetzt. Er hat jedoch den Nachteil, häufig falsch-positive Resultate zu geben und muß daher mit zwei Bestätigungstests, dem Western Blot und dem Immunfluoreszenztest, überprüft werden. In diesem Beitrag beschreiben wir die Untersuchung von 187 Serumproben, vorwiegend aus dem Raum Frankfurt, auf Antikörper gegen HIV-1 und HIV-2. Die HIV-1-Serologie wurde mit einem kommerziell erhältlichen ELISA durchgeführt. Sie wurde mit einem Western-Blot-Test sowie mit einem von uns entwickelten Immunfluoreszenztest, der auf einem deutschen HIV-1-Isolat beruht, bestätigt. Für die HIV-2-Serologie wurde ein Immunfluoreszenztest entwickelt, der eines der Isolate *Montagniers* benutzt.

Immunfluoreszenztest auf HIV-2

Test-Entwicklung mit Zellkultur aus Frankreich

Der Immunfluoreszenztest auf HIV-2 wurde mit Hilfe einer HIV-2-infizierten Lymphozytenkultur aus dem Labor *Montagniers* etabliert. Aliquots von infizierten und von uninfizierten Zellen (pro Loch etwa 40 000 Zellen) wurden für die Immunfluoreszenzuntersuchungen auf Objektträgern fixiert und sodann nach den üblichen Verfahren im Test eingesetzt.

Immunfluoreszenztest auf HIV-1

Zur Etablierung des Tests wurde das stark zytopathogene Isolat HIV_{D34} benutzt. Es stammt aus einem Frankfurter Patienten, bei dem die Krankheit sehr schnell fortschritt (7, 8).

Ergebnisse

187 Serumproben untersucht

Bei der Untersuchung von 187 eingesandten Serumproben aus Personen mit AIDS oder AIDS-Risiko auf Antikörper gegen das HIV-2 wurde parallel eine Untersuchung auf Antikörper gegen HIV-1 durchgeführt. Zum Test auf HIV-2 wurde ein HIV-2-spezifischer Immunfluoreszenztest (HIV-2-IFT) verwendet. Alle Serumproben wurden zum Test auf HIV-1 mit einem kommerziell erhältlichen ELISA untersucht und im HIV-1-Immunfluoreszenztest bestätigt. Seren mit einem hohen Antikörpertiter gegen HIV-2 wurden zusätzlich mit einem HIV-1-Western-Blot analysiert.

Die Ergebnisse sind in Tabelle 1 zusammengefaßt. Von den 187 getesteten Seren waren mit dem kommerziell erhältlichen HIV-1-ELISA-Test 36 positiv, 146 negativ und 5 grenzwertig.

ELISA-positive Seren: Von den 36 im ELISA positiven Seren zeigten im HIV-2-IFT 19 eine positive Reaktion, während 15 negativ ausfielen; bei 2 Proben konnte

Tabelle 1: Testung von Seren auf Antikörper gegen HIV-1 und HIV-2.

HIV-1-ELISA		HIV-1-IFT +	HIV-1-IFT +/–	HIV-1-IFT –	HIV-2-IFT +	HIV-2-IFT +/–	HIV-2-IFT –
positiv	36	36	0	0	19	2	15
grenzwertig	5	0	0	5	0	0	5
negativ	146	2	0	144	2	2	142
insgesamt	187						

kein eindeutiger Befund erhoben werden. Alle Seren wurden dagegen im HIV-1-IFT als positiv bestätigt.

ELISA-negative Seren: Von den 146 Seren mit einem negativen Antikörpernachweis auf HIV-1 im ELISA-Test zeigten 2 Seren jedoch eine positive Reaktion im HIV-2-IFT. In 142 Seren konnten weder HIV-1- noch HIV-2-Antikörper nachgewiesen werden, während bei 2 Seren kein eindeutiger Befund erhoben werden konnte (HIV-2-IFT: fraglich, HIV-1-IFT: negativ).

ELISA-grenzwertige Seren: Die Analyse der Grenzfälle ergab weder im HIV-2-IFT noch im HIV-1-IFT spezifische Virusantikörper.

HIV-1- und HIV-2-Reaktion

Da viele Seren sowohl mit HIV-1 als auch mit HIV-2 eine Reaktion zeigten, wurden die Antikörpertiter gegen diese beiden Viren in den Immunfluoreszenztests bestimmt (Tabelle 2). Die überwiegende Zahl der Seren hatte erheblich höhere Titer gegen HIV-1 als gegen HIV-2, so daß die Reaktion gegen HIV-2 als Kreuzreaktion unterschiedlicher Stärke angesehen werden kann. 2

Tabelle 2: Bestimmung der HIV-1- und HIV-2-Antikörpertiter bei HIV-2-positiven Seren.

HIV-2-Antikörpertiter	HIV 1-Antikörpertiter 1:60	1:1920	1:3840
1:60	0	3	2
1:120	0	2	1
1:240	0	4	1
1:360	0	0	1
1:480	0	0	1
1:600	0	1	0
1:720	1	0	0
1:960	0	0	1
1:1200	1	0	0
1:1440	1	0	0

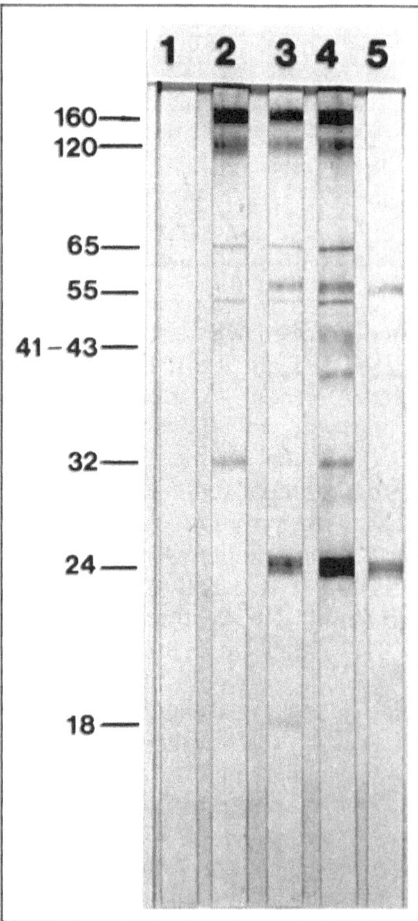

Abb. 1: HIV-1-Western-Blot von 5 Seren: Spur 1: negatives Kontrollserum; Spur 2–4: HIV-1-positive Seren ohne HIV-2-Reaktion; Spur 5: HIV-2-positives Serum mit schwacher HIV-1-Reaktion im IFT, jedoch negativ im ELISA.

Titer gegen HIV-1 höher als gegen HIV-2

Seren hatten Titer gegen HIV-2, die nur etwa dreifach niedriger lagen als die gegen HIV-1. Es könnte sich hierbei – wegen der Stärke der Reaktion gegen beide Viren – um eine Misch-Infektion oder ein Mischtyp-Virus handeln. Die dritte Gruppe von Seren besaß dagegen eindeutig höhere Titer gegen HIV-2 und wurde als typische HIV-2-Seren eingestuft.

Alle als HIV-2-antikörperpositiv identifizierten Serumproben wurden weiter im HIV-1-Western-Blot untersucht (Abb. 1), da diese Methode erlaubt festzustellen, gegen welche Proteine die Antikörper gerichtet sind. Als Kontrolle wurden Seren mit alleiniger Reaktion gegen HIV-1 eingesetzt. Diese Seren (Spur 2 bis 4) zeigten ein unterschiedliches Muster der Erkennung der niedermolekularen Proteine von HIV-1, aber immer eine deutliche Reaktion gegen die hochmolekularen Hüllproteine von HIV-1, gp 120 und gp 160. Dagegen wiesen die beiden HIV-2-positiven Seren, die im ELISA negativ reagiert hatten, sowie ein HIV-2-Kontrollserum vom Pasteurinstitut keine Reaktion mit den hochmolekularen Glykoproteinen von HIV-1 auf (Beispiel: Spur 5, Abb. 1), sondern erkannten lediglich das p24, p55 und schwach das p41. Diese Reaktionen entsprechen dem von *Montagnier u. Mitarb.* beschriebenen Muster, so daß die beiden im ELISA negativ reagierenden Seren als „echte" HIV-2-Seren angesehen wurden. Alle anderen Seren, die im HIV-2-IFT positiv reagiert hatten, erkannten die HIV-1-Hüllproteine im Western Blot (Daten nicht gezeigt). Bei diesen Patienten müssen daher Infektionen mit einem Mischtyp-Virus, das immunologisch zwischen HIV-1 und 2 angesiedelt ist, oder Misch-Infektionen mit HIV-1 und HIV-2 vorgelegen haben.

HIV-2-Infektion wird vom ELISA nicht erkannt

Um die Frage der Mischinfektionen zu klären, wurde aus einem Patienten mit hohem Antikörpertiter gegen HIV-2 und HIV-1 mehrfach eine Virusanzucht vorgenommen. Bei der ersten HIV-Virusanzucht wurde ein Isolat erhalten, das nach der Klassifizierung von *v. Briesen u. Mitarb.* (2) in seinen biologischen Eigenschaften einem schwach wachsenden Typ-3-HIV entspricht (Anzuchtdauer: 10 Tage; geringer zytopathischer Effekt; max. Reverse-Transkriptase-Aktivität im Zellkulturüberstand: 814 000 cpm/ml). Bei einem zweiten Anzuchtversuch 4 Monate später und bei einer dritten Anzucht 1 Woche nach der zweiten wurde jeweils eine stark wachsende Virusvariante (Typ 2, 5) isoliert (Anzuchtdauer: 5 Tage; starker zytopathischer Effekt mit Bildung großer Synzytien; max. Reverse-Transkriptase-Aktivität im Zellkulturüberstand: 2 100 000 cpm/ml). Diese Daten sprechen für eine Veränderung zwischen der ersten und zweiten Anzucht, erlauben allerdings noch keine abschließende Beurteilung hinsichtlich der Frage einer Mischinfektion.

Frage der Mischinfektion noch ungeklärt

Diskussion

Die vorliegenden Untersuchungen wurden durchgeführt, um zu prüfen, wie häufig Reaktionen gegen HIV-2 in hiesigen Patienten auftreten. Es sollte ferner untersucht werden, ob es sich dabei um Infektionen handelt, die auf Kreuzreaktionen HIV-1-Infizierter mit HIV-2 beruhen, oder ob reine HIV-2-Infektionen vorliegen. In letzterem Fall sollte auch festgestellt werden, ob diese Seren von kommerziellen ELISA-Tests noch verläßlich erkannt werden.

HIV-2-Seren erkennen interne Proteine von HIV-1

Nach den Untersuchungen von *Montagnier u. Mitarb.* sind HIV-2-Seren dadurch charakterisiert, daß die Hüllproteine von HIV-1 nicht mehr erkannt werden und nur Reaktionen gegen die internen Proteine p24 und p55 von HIV-1 sichtbar sind. Es war auch schon beobachtet worden, daß HIV-2-Seren nicht in allen Fällen durch kommerzielle ELISA-Tests erkannt wurden (3).

In einer überraschend hohen Anzahl von Fällen wurden bei den hier beschriebenen Untersuchungen erhöhte Antikörpertiter gegen HIV-2 entdeckt. Die Analyse dieser Seren im Western Blot gab jedoch nur in 3 Fällen das klassische HIV-2-Muster (eines der Seren war ein Kontrollserum aus dem Pasteur-Institut), so daß alle anderen trotz ihrer teilweise beachtlich hohen HIV-2-Titer nicht als typische HIV-2-Seren angesehen wurden.

Die Seren mit hohen HIV-2-Titern, aber mit Erkennung der Hüllproteine von HIV-1 im Western Blot sind möglicherweise deshalb HIV-2-positiv, weil sie sehr viele Antikörper gegen p24 besitzen. Dies konnte allerdings nur bei 2 von 6 Seren festgestellt werden. Da es sowohl hochtitrige HIV-1-Seren gibt, die HIV-2 erkennen, als auch solche, die dies nicht tun, ist zu vermuten, daß es Virus-Mischtypen gibt, die im Spektrum der HIV-Varianten zwischen den HIV-1- und HIV-2-Prototypen stehen.

Virus-Mischtypen denkbar

Alternativ sind auch Misch-Infektionen mit HIV-1 und HIV-2 denkbar. Von den insgesamt 19 Seren, die Titer über 1:60 gegen HIV 2 aufwiesen, stammten 12 aus Hämophilen. Es wäre nicht verwunderlich, wenn gerade in dieser Patientengruppe solche Mischinfektionen

Auch Mischinfektionen sind möglich

existierten, da sie mit Blutprodukten aus einer Vielzahl verschiedener Spender in Berührung gekommen sind. Die weitere Analyse der Virusisolate aus dem in diesem Beitrag beschriebenen Fall sollte dazu beitragen, die Frage von möglichen Mischinfektionen zu klären.

Schlußfolgerungen

Hohe Mutationsrate von HIV-2

Die Entdeckung der hohen Mutationsfähigkeit der Viren der HIV-Gruppe und speziell von HIV-2 hat zu der Besorgnis Anlaß gegeben, daß in den derzeit von den Blutbanken verwendeten kommerziellen ELISA-Tests nicht alle Varianten auffallen. Unsere Untersuchung hat Befunde von *Brun-Vezinet* (3) bestätigt, daß nicht alle typischen HIV-2-Seren von kommerziellen

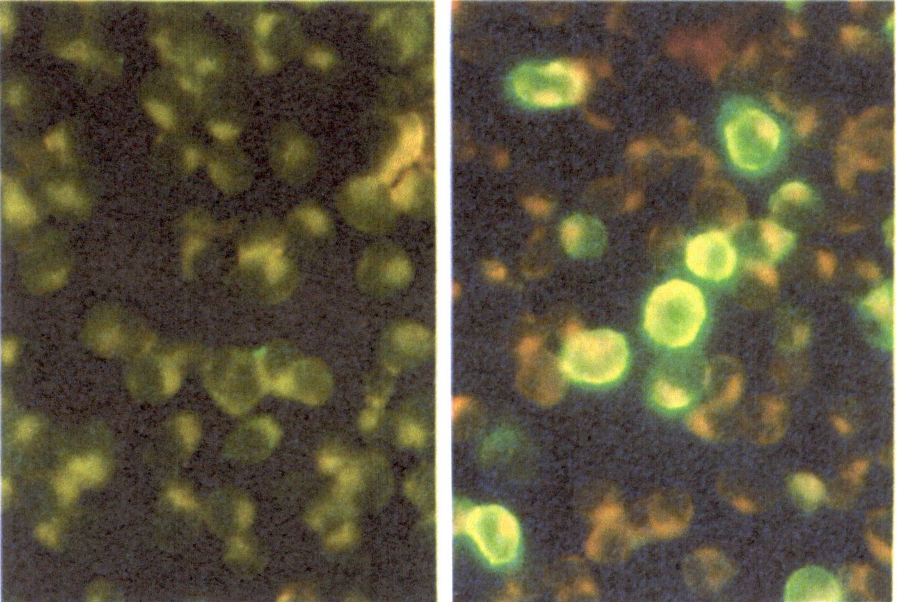

Abb. 2: Immunfluoreszenztest auf HIV-1, geeignet zum Nachweis von HIV-2. Zellen, die mit HIV_{D34} infiziert waren, wurden auf Objektträgern fixiert. Auf die Zellen wurde das Patientenserum gegeben, inkubiert, gewaschen und sodann mit einem Fluoreszenz-markierten Anti-Human-IgG Antikörper nachgewiesen. A (links): negative Kontrolle: normales Serum; B: Serum, das im HIV-2-Test positiv reagiert hatte und im Western Blot das HIV-2-typische Bandenmuster zeigte (Abb. 1, Spur 5).

Weitere Ausbreitung von HIV-2 in der Bundesrepublik wahrscheinlich

ELISA-Tests erkannt werden. Interessanterweise wurden diese Seren jedoch von einem von uns entwickelten HIV-1-Immunfluoreszenztest eindeutig als positiv identifiziert (Abb. 2). Dieser Test verwendet im Gegensatz zu den kommerziellen ELISA-Tests, die auf dem ersten HIV-1-Isolat beruhen, ein deutsches HIV-Isolat. Wenngleich nur eine geringe Zahl der zum HIV-2-Test eingesandten Seren sich als typische HIV-2-Seren charakterisieren ließen und diese von bei uns lebenden Westafrikanern oder von Kontaktpersonen von Westafrikanern stammten, muß dennoch mit einer weiteren Verbreitung von HIV-2 auch in Deutschland gerechnet werden. Zukünftig sollten daher alle HIV-Tests daraufhin geprüft werden, ob sie typische HIV-2-Seren erkennen. Auch ein HIV-Immunfluoreszenztest wie im vorliegenden Fall ist zum Screening geeignet und bietet wegen der Erkennung von HIV-2 eine hohe Sicherheit.

Wir danken Prof. *L. Montagnier* (Pasteurinstitut) für die Überlassung des HIV-2-Virusstammes. Frau *M. Landersz* und Frau *S. Pfeifer* danken wir für engagierte und ausgezeichnete technische Assistenz.

Literatur

1. **Alizon, M. u. Mitarb.:** Genetic variability of the AIDS virus: Nucleotide sequence analysis of two isolates from african patients. Cell 46 (1986) 63–74.
2. **von Briesen, H. u. Mitarb.:** Isolation frequency and growth properties of HIV-variants. Multiple simultaneous variants in a patient demonstrated by molecular cloning. Journal of Medical Virology (1987), im Druck.
3. **Brun-Vezinet, F. u. Mitarb.:** Lymphadenopathyassociated virus type 2 in AIDS and AIDS-related complex. Lancet I (1987) 128–132.
4. **Clavel, F. u. Mitarb.:** Isolation of a new human retrovirus from West African patients with AIDS. Science 233 (1986) 343–346.
5. **Clavel, F. u. Mitarb.:** Molecular cloning and polymorphism of the human immunodeficiency virus type 2. Nature 324 (1986) 691–695.
6. **Kanki, P. J. u. Mitarb.:** New human T-lymphotropic retrovirus related to simian T-lymphotropic virus type III (STLV III_{AGM}). Science 232 (1986) 238–243.
7. **Rübsamen-Waigmann, H. u. Mitarb.:** Varianten in AIDS-assoziierten LAV-HTLV-III-Retroviren. Münch. med. Wschr. 128 (1986) 94–96.
8. **Rübsamen-Waigmann, H. u. Mitarb.:** Isolation of variants of lymphocytopathic retroviruses from the peripheral blood and cerebrospinal fluid of patients with ARC or AIDS. Journal of Medical Virology 19 (1986) 335–348.

Letales Neuro-AIDS bei einem HIV-2-Infizierten*

M. Adamski, H. v. Briesen, L. Biesert, D. Mix, U. Unkelbach, U. Gallenkamp, H. Heusler, J. Groener, F. Gullotta, H. Rübsamen-Waigmann

Nach der Isolierung des ersten Prototyp-Virus, LAV/HTLV III, wurde inzwischen weltweit eine sehr hohe Mutationsfähigkeit von HIV (1, 11) beobachtet. Mehrere Varianten des Virus konnten gleichzeitig in einem Patienten nachgewiesen werden (4), und beim Übergang auf einen neuen Infizierten erfolgt eine Änderung des Virus innerhalb von wenigen Monaten (10).

Mehrere Virus-Varianten in einem Patienten

Im Sommer 1986 beschrieb die Gruppe um *Montagnier* die Isolierung eines HIV-Typs aus Patienten in Westafrika (6), der kaum noch mit dem ursprünglichen HIV-1-Isolat verwandt ist und deshalb heute HIV-2 genannt wird. HIV-2 unterscheidet sich von HIV-1 dadurch, daß zwischen den Hüllproteinen, aber auch einigen Strukturproteinen der Viren keine Kreuzreaktion mehr besteht. Dieser Befund ist von großer praktischer Bedeutung, weil deshalb HIV-2-Infektionen durch die derzeit verwendeten Screening-Tests nicht mehr verläßlich erfaßt werden (2, 5). Ein Vergleich verschiedener HIV-2-Isolate zeigte ferner, daß es auch von HIV-2 viele Varianten gibt, d. h., daß sich HIV-2 ähnlich schnell verändert wie HIV-1 (7).

In Afrika haben HIV-1 und HIV-2 zwei unabhängige Epidemien entwickelt; ein weiteres Argument dafür, daß Afrika das Entstehungsland von HIV ist (9). Echte HIV-2-Infektionen sind derzeit in Europa noch relativ selten. In den meisten uns in Deutschland bekannten Fällen handelte es sich bei den Infizierten um Afrikaner. Allerdings sind auch schon mehrere Fälle bekannt, in denen Einheimische die Infektion von Afrikanern erworben haben.

Zwei unabhängige Epidemien mit HIV-1 und HIV-2 in Afrika

Die ersten HIV-2-Isolate waren, ebenso wie viele

---

* Die Arbeit erscheint in einem der nächsten MMW-Hefte.

HIV-1-Isolate, zytopathisch. Die Frage, ob HIV-2 ähnlich pathogen ist wie HIV-1, wird noch kontrovers diskutiert. Neben den verschiedenen opportunistischen Infektionen wurden bei HIV-1-Erkrankten auch neurologische Komplikationen einschließlich Schizophrenie beschrieben (3, 8, 12). Bei HIV-2-Infizierten sind neurologische Komplikationen bislang nur vereinzelt und nur im Zusammenhang mit klassischem AIDS beschrieben worden (5). Es liegen jedoch noch keine Berichte darüber vor, daß bei Patienten mit einer HIV-2-Infektion ausschließlich neurologische Komplikationen auftraten, die zu einem letalen Ausgang führten. Wir berichten im folgenden über eine solche HIV-2-Infektion bei einem 36jährigen Gambianer.

Ausschließlich neurologische Symptome bei HIV-2-Infektionen bislang noch nicht beschrieben

Klinischer Verlauf

Der Patient lebte seit Mai 1986 in der Bundesrepublik Deutschland. Gegenüber Beamten der Ausländerbehörde fiel er im Februar 1987 durch ein desorientiertes, apathisches Verhalten auf. Zwischendurch erschien er wiederholt in der Notambulanz des Kreiskrankenhauses Lüdenscheid und klagte über Bauchschmerzen mit gelegentlichem Erbrechen, Schwindelgefühl und Frieren. Sowohl chirurgisch als auch internistisch konnte damals kein pathologischer Befund erhoben werden. Da der Patient seit dem 8. 3. 1987 nicht mehr laufen konnte, wurde er stationär aufgenommen. Angaben zur früheren Anamnese waren vom Patienten aufgrund seiner krankheitsbedingten reduzierten intellektuellen Fähigkeiten nicht erhältlich. Die internistisch orientierte Untersuchung erbrachte wiederum keine auffälligen Befunde.

Keine internistischen Befunde

Neurologische Befunde

Im Hirnnervenbereich waren keine pathologischen Befunde zu erheben. Es bestand kein Meningismus. Eine Stauungspapille wurde nicht beobachtet. Auffällig war lediglich eine schlaffe sensomotorische Hemiparese links. Ein Babinskisches Zeichen ließ sich nicht nachweisen.

Das klinische Bild verschlechterte sich während der

stationären Aufnahme im psychopathologischen Bereich allmählich. Der Patient wurde harn- und stuhlinkontinent und mußte über einen zentralen Venenkatheter ernährt werden. Seine linksseitige Hemiparese entwickelte sich langsam zu einer Hemiplegie. Zeitweise lag eine Déviation conjugée nach links vor. Der Kornealreflex war links abgeschwächt. Ab Mitte April 1987 war der Patient bewußtseinsgetrübt und litt intermittierend unter Fieber bis 39° C, das antibiotisch behandelt wurde. Im weiteren Verlauf verschlechterte sich das Allgemeinbefinden des Patienten zusehends. Er wurde komatös, hatte eine unregelmäßige Atmung und eine Tachykardie mit Pulswerten um 112/min bei normalen RR-Werten. Der Patient verstarb am 26. 5. 1987.

Zunehmende klinische Verschlechterung

Im CT vom 23. 3. 1987 imponierte eine ausgedehnte hypodense Struktur im rechten Marklager vom Mastoid bis fast zum Schädeldach reichend mit diskreten Raumforderungen. Nach Kontrastmittelgabe stellte sich keine wesentliche Dichteänderung ein. Bei wiederholten Kontrollen zeigte sich eine Progredienz der diffusen Hypodensität im Bereich des rechten Marklagers, die von temporal bis hochparietal reichte. Darüber hinaus dehnte sich die hypodense Struktur auf das kontralaterale Marklager links fronto-temporo-parietal aus. Die zerebrale supraselektive Carotis-interna-Angiographie rechts ergab keinen pathologischen Befund.

Das *Kernspintomogramm* des Schädels vom 1. 4. 1987 zeigte im T2-gewichteten Bild im Bereich der gesamten rechten Großhirnhemisphäre – beschränkt auf die weiße Hirnsubstanz – einen diffusen, signalintensiven Prozeß, der sich bis in den Temporallappen erstreckte. Aufallend war die Aussparung der kortikalen Bereiche sowie der Kerngebiete. Wie auf den höher gelegenen Schichten erkennbar, infiltrierte der Prozeß auf die kontralaterale Seite. Das Ventrikelsystem war mittelständig und eher schmal dargestellt. Auffallenderweise erschien der Liquor eher signalreduziert.

Signalreduzierter Liquor

In der *Hirnszintigraphie* ließ sich lediglich ein verminderter perfundierter Prozeß vorwiegend rechts, aber auch linkshirnig nachweisen.

Im *EEG* zeigten sich mittelschwere Allgemeinveränderungen mit rechtshirnigem Hemisphärenbefund im Sinne eines Theta-delta-Herdes.

Progressive multifokale Leukoenzephalopathie

Der pathologische Befund des Gehirns ergab eine progressive multifokale Leukoenzephalopathie, die vermutlich durch ein Papova-Virus hervorgerufen wurde.

Laborchemische Parameter

In den anfänglich bestimmten Laborparametern fiel lediglich eine leichte Leukopenie von 3300/μl auf, ansonsten war das Differentialblutbild im Normbereich.

Differentialblutbild im Normbereich

Außerdem zeigten sich erhöhte Blutzuckerwerte, die zwischen 107 mg/dl und 169 mg/dl im Tagesprofil schwankten. Der Albumingehalt im Blut war auf 48,7% vermindert. Bei einer weiteren Kontrolle Mitte April fiel eine Erhöhung der Laktatdehydrogenase- und der Kreatinkinase-Werte auf 272 bzw. 187 U/l auf. Das C-reaktive Protein war mit 2,5 mg/dl ebenfalls erhöht.

Die Untersuchung des Liquors ergab einen Normalbefund mit einer Zellzahl von 2/3 und einem Eiweißgehalt von 36 mg/dl (in mehreren Kontrolluntersuchungen bestätigt). Oligoklonales IgG konnte nicht nachgewiesen werden. Der Lichtblau-Delpeche-Quotient war mit 0,8 leicht erhöht. Die zytologische Untersuchung ergab einen zellarmen Liquor ohne atypische Zellen.

Immunologische Untersuchungen

Die immunologischen Untersuchungen zeigten keine eindeutig pathologischen Auffälligkeiten. Die Serologie für Toxoplasma gondii, Echinokokken, Masern, Varizellen, Arboviren, Picorna, Herpes I und II sowie Zytomegalie-Viren ergab keinen Hinweis auf eine frische Infektion. Ebenso war der Test auf Neisseria negativ.

Kein massiver Immundefekt

Die T4/T8-Ratio betrug 0,11. Eine Bestimmung der absoluten T4-Zellzahl wurde nicht durchgeführt. Ein massiver Immundefekt lag jedoch nicht vor, weil die Lymphozyten des Patienten in vitro gut Mitogen-stimulierbar waren und die Zellausbeute bei unserer üblichen Aufarbeitung (4) im Normbereich lag. Allerdings deutet die orale Candidiasis auf ein geschwächtes Immunsystem hin.

HIV-Serologie

Der ELISA (Abbott) auf HIV-1-Antikörper fiel negativ aus. Aufgrund der massiven neurologischen Symptome des Patienten bestand dennoch der Verdacht auf eine HIV-Infektion mit progressiver multifokaler Leukoenzephalopathie.

HIV-1-ELISA nicht reaktiv

Eine Kontrolluntersuchung des Serums im Georg-Speyer-Haus auf HIV-Antikörper erbrachte folgende Ergebnisse: Der ELISA (ENI) fiel ebenfalls negativ aus, der HIV-1-Immunfluoreszenztest (dem ein deutsches Virusisolat zugrunde liegt) reagierte dagegen mit einem Titer von 1:60 positiv. Der Immunfluoreszenztest auf HIV-2-Antikörper unter Verwendung eines HIV-2-Isolates aus dem Labor *Montagniers* zeigte eine stark positive Reaktion (Titer 1:960). Im HIV-1 Western Blot (Biorad) wurden deutlich das p24 und das p32 erkannt, alle weiteren für das HIV-1 typischen Proteine, insbesondere die hochmolekularen Glykoproteine gp160 und gp120, fehlten dagegen (siehe Abb. 1a, Spur 3).

Eine Infektion mit einem HIV-2 verwandten Virus wurde ferner durch Virus-Isolierung gesichert. Abbildung 1b zeigt einen Western Blot, für den als Antigen das aus dem Patienten isolierte Virus benutzt wurde. Es reagierte mit einem authentischen HIV-2-Serum (Abb. 1b, Spur 1). Darüber hinaus konnten Liquor-ständige Antikörper nachgewiesen werden (Abb. 1b, Spur 2), deren Muster sich von dem der Antikörper im peripheren Blut unterschied (Abb. 1b, Spur 3).

Immunfloureszenz-Test mit HIV-2-Antigen positiv

Schlußfolgerung

Die wahrscheinlichste Interpretation unseres Falls ist die, daß sich auf der Basis einer durch HIV-2 hervorgerufenen Mikroglia-Enzephalitis eine Papovavirus-Infektion ausbreiten konnte. Vermutlich hat diese zum Tode des Patienten geführt.

Generell werden bei uns Patienten mit neurologischen Symptomen noch nicht routinemäßig auf HIV-1 untersucht. Die Bedeutung von Viren dieser Art für neurologische Komplikationen wird jedoch zunehmend evident. Der in diesem Beitrag beschriebene Fall zeigt,

Bedeutung von Retroviren bei neurologischen Komplikationen

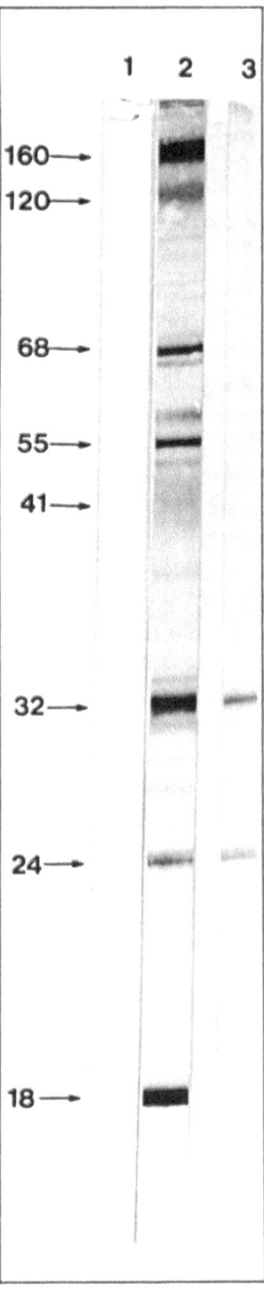

Abb. 1a: HIV-1 Western Blot von 3 Seren. Spur 1: negatives Kontrollserum, Spur 2: HIV-1-positives Serum ohne HIV-2-Reaktion, Spur 3: Patientenserum.

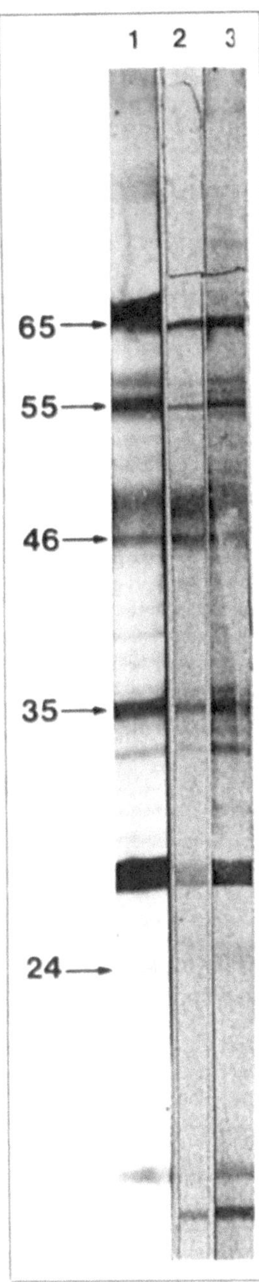

Abb. 1b: Western Blot unter Verwendung des Virusisolats aus unserem Patienten als Antigen. Spur 1: HIV-2-Kontrollserum, Spur 2: Liquor des Patienten, 1:25, Spur 3: Serum des Patienten, 1:25.

daß auch Viren des Typs HIV-2 schwere und lebensbedrohliche neurologische Erkrankungen hervorrufen können, ohne daß andere für AIDS typische Symptome sichtbar werden. HIV-2 muß daher als ebenso pathogen angesehen werden wie HIV-1.

HIV-2 ist ebenso pathogen wie HIV-1

Neurologische Symptome, die dem hier beschriebenen Bild des „Neuro-AIDS" ähneln, sollten prinzipiell durch eine HIV-Serologie abgeklärt werden. Ein negativer Befund in der HIV-1-Serologie sollte wegen der Unzulänglichkeit kommerzieller HIV-1-ELISA's bezüglich des HIV-2-Nachweises in jedem Fall durch einen spezifischen HIV-2-Test überprüft werden.

Diese Studie wurde durch eine Zuwendung seitens des Bundesministeriums für Jugend, Familie, Frauen und Gesundheit sowie des Hessischen Sozialministeriums gefördert. Herrn Dr. *Enzensberger* danken wir für kritische Durchsicht des Manuskripts, Frau *M. Landersz, S. Pfeifer, U. Rapp, S. Dohrmann* und *S. Raupp* für ausgezeichnete und engagierte technische Assistenz.

Literatur

1. **Alizon, M., Wain-Hobson, S., Montagnier, L., Sonigo, P.:** Genetic variability of the AIDS virus: nucleotide sequence analysis of two isolates from African patients, Cell 46 (1986) 63–74.
2. **Biesert, L., von Briesen, H., Doerr, H. W., Immelmann, A., Staszewski, S., Wegner, R., Scharrer, I., Kreuz, W., Rübsamen-Waigmann, H.:** Antikörper gegen HIV-2 (LAV-2). Untersuchungen bei Personen mit AIDS oder AIDS-Risiko aus der Bundesrepublik Deutschland. AIDS: Leitlinien für die Praxis, 120–128. MMV Medizin Verlag, München 1987.
3. **Biniek, R., Brockmeyer, N., Balzer, K., Gesemann, M., Scheiermann, N., Gerhard, L., Lehmann, H.-J.:** Neurologische Erkrankungen bei HIV-Infektion. Dtsch. Ärztebl. 84 (1987) 1297–1302.
4. **von Briesen, H., Becker, W. B., Henco, R., Helm, E. B., Gelderblom, H. R., Brede, H. D., Rübsamen-Waigmann, H.:** Isolation frequency and growth properties of HIV-variants. Multiple simultaneous variants in a patient demonstrated by molecular cloning, J. Med. Virol. im Druck (1987).
5. **Brun-Vezinet, F., Rey, M. A., Katalama, C., Girard, P. M., Roulot, D., Yeni, P., Lenoble, L., Clavel, F., Alizon, M., Gadelle, S., Madjar, J. J., Harzic, M.:** Lymphadenopathy-associated virus type 2 in AIDS and AIDS-related complex, Lancet (1987/I) 128.
6. **Clavel, F., Guetard, D., Brun-Vezinet, F., Chamaret, S., Rey, M.-A., Santos-Ferreira, M. O., Laurent, A. G., Dauguet, C., Katlama, C., Rouzioux, C., Klatzmann, D., Champlimaud, J. L., Montagnier, L.:** Isolation of a new human retrovirus from West African patients with AIDS, Science 233 (1986) 343–346.

7. **Clavel, F., Guyader, M., Guetard, D., Salle, Montagnier, L., Alizon, M.:** Molecular cloning and polymorphism of the human immune deficiency virus type 2. Nature 324 (1986) 691–695.
8. **Fischer, P.-A., Enzensberger, W.:** Neurological complications in AIDS, J. Neurol. 234 (1987) 269–279.
9. **Guyader, M., Emerman, M., Sonigo, P., Clavel, F., Montagnier, L., Alizon, M.:** Genome organization and transactivation of the human immunodeficiency virus type 2, Nature 326 (1987) 662–669.
10. **Rübsamen-Waigmann, H.:** Mutationen des HIV: Einfluß auf Pathogenität, Wachstumseigenschaften in vitro und in vivo sowie Immunogenität des Virus, AIDS-Forschung (1986) 483–487.
11. **Rübsamen-Waigmann, H., Becker, W. B., Helm, E. B., Brodt, R., Fischer, H., Henco, R., Brede, H. D.:** Isolation of variants of lymphocytopathic ret oviruses from the peripheral blood and cerospinal fluid of patients with ARC or AIDS, J. Med. Virol. 19 (1986) 335–348.
12. **Thomas, C. S.:** HIV and schizophrenia, Lancet (1987/I) 101.

Ansprechpartner in der Klinik

Bundesgesundheitsamt*, Prof. M. A. Koch, Dr. L'Age-Stehr, Nordufer 20,
1000 Berlin 65, Tel.: 0 30/4 50 32 44/2 43

II. Innere Klinik des Rudolf-Virchow-Krankenhauses, Prof. Dr. H. Pohle, Augustenburger Platz 1,
1000 Berlin 65, Tel.: 0 30/45 05 22 62

Med. Klinik der Universität Düsseldorf, PD Dr. J. Erckenbrecht, Moorenstr. 5,
4000 Düsseldorf, Tel.: 02 11/3 11 78 49

Poliklinik der klinischen Immunologie, Glückstr. 4a,
8520 Erlangen, Tel.: 0 91 31/85 47 42

Medizinische Klinik Prof. W. Pöttgen, Alfred-Krupp-Str. 21,
4300 Essen 1, Tel.: 02 01/4 34 25 25

* Sowie alle Gesundheitsämter der Bundesrepublik

Institut für med. Virologie und Immunologie, Prof. N. Scheiermann, Hufelandstr. 55,
4300 Essen, Tel.: 02 01/79 91-35 50

Universitätsklinik, Zentrum für Innere Medizin, Prof. W. Stille, Prof. E. B. Helm, Theodor-Stern-Kai 7,
6000 Frankfurt 70, Tel.: 0 69/63 01 66 13

Med. Universitätsklinik, Prof. H. H. Peter, Dr. P. Vaith, Hugstetter Str. 55,
7800 Freiburg, Tel.: 07 61/2 70 34 48/34 21

Bernhard-Nocht-Institut, Prof. Dr. M. Dietrich, Bernhard-Nocht-Str. 74,
2000 Hamburg 4, Tel.: 0 40/31 10 23 90

Immunologische Ambulanz der Med. Hochschule Hannover, Prof. H. Deicher, Prof. I. Schedel, Konstanty-Gutschow-Str. 8,
3000 Hannover 61, Tel.: 05 11/5 32 30 14

Universitäts-Hautklinik, Prof. D. Petzoldt, Voßstr. 2,
6900 Heidelberg, Tel.: 0 62 21/56 49 58

Universitäts-Hautklinik, Dr. A. Rasokat, Joseph-Stelzmann-Str.,
5000 Köln 41, Tel.: 02 21/4 78 45 34

Med. Klinik und Poliklinik, Prof. G. Hess, Langenbeckstr. 1,
6500 Mainz, Tel.: 0 61 31/17 71 97

Med. Poliklinik, Universität München, Prof. F. D. Goebel, Pettenkoferstr. 8a,
8000 München 2, Tel.: 0 89/51 60 34 75

Ärztliches Telefonkonzil, Dermatologische Klinik, Frauenlobstr. 9–11,
8000 München 2, Tel.: 0 89/5 39 76 59

AIDS-Hilfe-Organisationen

Die regionalen AIDS-Hilfen bieten HIV-Positiven und Patienten zusätzliche Betreuung, etwa durch Gesprächsgruppen.

Bundesverband Deutsche AIDS-Hilfe e.V., Berliner Str. 37,
1000 Berlin 31, Tel.: 0 30/86 06 51

AIDS-Hilfe Aachen e.V., Bachstraße 27,
5100 Aachen, Tel.: 02 41/53 25 58

Augsburger AIDS-Hilfe e.V., Postfach 11 01 25,
8900 Augsburg 11, Tel.: 08 21/15 38 06

Berliner AIDS-Hilfe e.V., Bundesplatz 11,
1000 Berlin 31, Tel.: 0 30/8 53 20 00

AIDS-Hilfe Bielefeld e.V., Stapenhorststr. 3,
4800 Bielefeld 1, Tel.: 05 21/13 33 88

AIDS-Hilfe Bonn e.V., Rathausgasse 30,
5300 Bonn 1, Tel.: 02 28/63 14 68

Braunschweiger AIDS-Hilfe e.V., Postfach 16 43,
3300 Braunschweig, Tel.: 05 31/7 59 02, Tel.: 05 31/50 77 01

AIDS-Hilfe Bremen e.V., Friedrich-Karl-Str. 20a,
2800 Bremen 1, Tel.: 04 21/44 49 47

AIDS-Hilfe Dortmund e.V., Gerichtsstraße 5,
4600 Dortmund 1, Tel.: 02 31/55 11 87

AIDS-Hilfe Düsseldorf e.V., Kölner Str. 216,
4000 Düsseldorf 1, Tel.: 02 11/72 20 49

Duisburger AIDS-Hilfe e.V., Musfeldstraße 163–166,
4100 Duisburg 1, Tel.: 02 03/66 66 33

AIDS-Hilfe Frankfurt e.V., Eschersheimer Landstr. 9,
6000 Frankfurt 1, Tel.: 0 69/59 00 12 + 5 97 55 77

Freiburger AIDS-Hilfe e.V., Eschholzstr. 19,
7800 Freiburg, Tel.: 07 61/27 69 24

AIDS-Arbeitskreis, Postfach 11 14,
3400 Göttingen, Tel.: 05 51/4 37 35

AIDS-Hilfe Hamburg e.V., Borgweg 8,
2000 Hamburg 60, Tel.: 0 40/2 70 53 30 + 2 70 53 23

AIDS-Hilfe Hamm e.V., Rosa-Luxemburg-Straße 41
4700 Hamm 5, Tel.: 0 23 81/6 80 41

Hannoversche AIDS-Hilfe e.V., Johannssenstraße 8,
3000 Hannover 1, Tel.: 05 11/32 77 72

AIDS-Hilfe Heidelberg e.V., Postfach 10 12 43,
6900 Heidelberg, Tel.: 0 62 21/16 17 00

AIDS-Initiative Karlsruhe e.V., Kronenstraße 2,
7500 Karlsruhe 1, Tel.: 07 21/69 34 04

AIDS-Hilfe Kassel, Leipziger Straße 239,
3500 Kassel, Tel.: 05 61/ 5 35 42 + 57 14 90

AIDS-Hilfe Kiel e.V., Saarbrückenstraße 177,
2300 Kiel 1, Tel.: 04 31/68 72 49 + 67 77 99

AIDS-Hilfe Köln e.V., Hohenzollernring 48,
5000 Köln 1, Tel.: 02 21/24 92 08 + 24 92 09

AIDS-Hilfe Konstanz e.V., Friedrichstraße 21,
7750 Konstanz, Tel.: 0 75 31/5 60 62

Lübecker AIDS-Hilfe e.V., Postfach 19 31,
2400 Lübeck, Tel.: 04 51/1 22 57 47

AIDS-Hilfe Mainz e.V., Hopfengarten 19,
6500 Mainz 1, Tel.: 0 61 31/22 22 75 + 22 10 20

AIDS-Hilfe Mannheim e.V., Jungbuschstr. 24,
6800 Mannheim, Tel.: 06 21/74 57 43

Münchner AIDS-Hilfe e.V., Müllerstr. 44 (Rückgebäude),
8000 München 5, Tel.: 0 89/26 43 61

AIDS-Hilfe Münster e.V., Bahnhofstraße 15,
4400 Münster, Tel.: 02 51/4 44 11

AIDS-Hilfe Nürnberg-Erlangen e.V., Irrerstraße 2–6,
8500 Nürnberg 1, Tel.: 09 11/20 90 06 + 20 90 07

AIDS-Hilfe Osnabrück e.V., Kurt-Schumacher-Damm 8,
4500 Osnabrück, Tel.: 05 41/4 70 26

AIDS-Hilfe Pforzheim e.V., Schloßberg 10,
7530 Pforzheim, Tel.: 0 72 31/10 13 13

AIDS-Hilfe Saar e.V., Alte Feuerwache, Am Landwehrplatz,
6600 Saarbrücken 3, Tel.: 06 81/3 11 12

AIDS-Hilfe Stuttgart e.V., Schwabstraße 44,
7000 Stuttgart 1, Tel.: 07 11/61 08 48

AIDS-Hilfe Trier e.V., Paulinstraße 19,
5500 Trier, Tel.: 06 51/1 27 00

AIDS-Hilfe Tübingen e.V., Postfach 11 22,
7400 Tübingen, Tel.: 0 70 71/3 41 51

AIDS-Hilfe Wiesbaden e.V., Kl. Schwalbacher Str. 14,
5200 Wiesbaden, Tel.: 0 61 21/30 92 11

Liste der erwähnten Medikamente

Generic name	Handelsnamen
Aziclovir	Zovirax®
Amikacin	Biklin®
Amphotericin B	Ampho-Moronal®
Azidothymidin	Retrovir®
Cotrimoxazol	z. B. Bactrim®, Co-trim-Tablinen®, Eusaprim®
Dapson	Dapson-Fatol
Dimethylsulfoxid	Verrumal®
Flucytosin	Ancotil®
Ketokonazol	Nizoral®
Miconazol	z. B. Daktar®, Epi-Monistrat®
Natamycin	Pimafucin®
Nystatin	z. B. Candio-Hermal®, Nystatin „Lederle“
Pentamidin	Lomidine®
Pyrimethamin	Pyrimethamin-Heyl®
Pyrimethamin/ Sulfadoxin	Fansidar®
Salizylsäure-Pflaster	z. B. Guttaplast®
Spiramycin	Rovamycine®, Selectomycin®

Glossar

Antikörper-Nachweis

Die derzeit einzige Methode, um in der Routine-Diagnostik eine HIV-Infektion nachzuweisen. Das häufigste Verfahren ist der ↑ELISA. Dieser wird als Screening-Test eingesetzt. Da falsch-positive Resultate häufig sind, muß das reaktive Ergebnis auf jeden Fall durch einen Bestätigungs-Test (z. B. den ↑Western-Blot-Test) überprüft werden.

CD4-Rezeptor

Zellulärer Oberflächenmarker, der beispielsweise für die T-Helfer-Lymphozyten charakteristisch ist. Darüber wird dieser Rezeptor auch auf Makrophagen, Kolonzellen, Neuronen und Gliazellen exprimiert. Er stellt für den AIDS-Erreger offensichtlich das „Tor" zur Zelle dar: Der Erreger bindet sich mit Teilen seines Hüllproteins an das CD-4-Molekül.

ELISA

Testprinzip zum Nachweis von Antikörpern im Serum (**E**nzyme **L**inked **I**mmuno **S**orbent **A**ssay).
Dabei wird ein Antigen an einen Träger gebunden. Wird es mit Serum überschichtet, binden sich spezifische Antikörper – falls vorhanden – an dieses Antigen. Nicht gebundene Antikörper werden bei einem Waschgang entfernt. Anschließend wird ein zweiter Antikörper zugegeben, der gegen menschliches Immunglobulin gerichtet ist. Gebundene Antikörper werden von diesem 2. Antikörper markiert. Der 2. Antikörper ist mit einem Enzym gekoppelt, das eine Farbumschlagsreaktion katalysiert. Diese Farbreaktion kann quantifiziert werden.

HIV

Humanes Immunschwäche-Virus, der Erreger von AIDS. Zunächst wurde der AIDS-Erreger von der Arbeitsgruppe um *L. Montagnier,* Paris, LAV (Lymphadenopathie-assoziiertes Virus) genannt. Die Arbeitsgruppe um *R. Gallo,* Bethesda, bezeichnete den Erreger als HTLV-III (humanes T-lymphozytrophes Virus III). Seit 1986 hat man sich auf die Bezeichnung HIV geeinigt. HIV gehört zu den sogenannten ↑Retroviren und ist mit den ↑Lentiviren verwandt.

HIV-2 Retrovirus, das zunächst aus AIDS-Patienten in West-Afrika isoliert wurde. Antikörper gegen HIV-2 können mit den herkömmlichen ELISAS zum Nachweis von Antikörpern gegen HIV nicht erfaßt werden. Dennoch ähneln sich bestimmte Antigene von HIV und HIV-2.

HTLV-I Humanes T-Zell-Leukämievirus I. Erreger der adulten T-Zell-Leukämie, der 1980 von *R. Gallo,* Bethesda, entdeckt wurde.

HTLV-II Humanes T-Zell-Leukämie-Virus II. Retrovirus, das mit HTLV-I eng verwandt ist. Die Bezeichnung dieses Erregers zu verschiedenen Erkrankungen (etwa der Haar-Zell-Leukämie) ist noch ungeklärt.

Immuno-Blot ↑Western-Blot

Lentiviren Retroviren, die auch „langsame" Viren genannt werden. Sie verursachen Erkrankungen mit einer extrem langen Inkubationszeit. Die Hauptvertreter sind Visna und Maedi, die bei Schafen neurologische Erkrankungen auslösen.

Nukleosid-Analoga Substanzklasse, die bei der Therapie der HIV-Infektion eingesetzt wird. Als erster Vertreter dieser Gruppe wurde Azidothymidin (Retrovir®) in zahlreichen Ländern, darunter auch in der Bundesrepublik, zugelassen. Ein weiteres Nukleosid-Analogon (Dideoxyzytydin) befindet sich in der klinischen Prüfung, weitere im präklinischen Stadium.
Wirkmechanismus: Die Nukleosid-Analoga ähneln den Bausteinen der DNS. Daher werden sie bei der Überschreibung der viralen RNS in DNS anstelle der DNS-Bausteine an die wachsende Nukleinsäure-Kette angelagert. Aufgrund ihrer chemischen Modifikation wird dadurch ein Ketten-Abbruch ausgelöst.

Opportunistische Infektionen Infektionen, die ausschließlich bei immunsupprimierten Patienten auftreten. Während die Erreger bei immunkompetenten Menschen keine Erkrankungen auslösen können, sind sie im immungeschwächten Organismus pathogen. Derartige Infektionen treten nicht nur bei einer HIV-Infektion auf, sondern etwa auch unter einer zytostatischen Chemotherapie oder bei Morbus Hodgkin.

Retroviren

Zunächst als tierpathogene Erreger entdeckte Virusgruppe, die sich durch einen besonderen Vermehrungszyklus auszeichnet. Ihre Erbsubstanz besteht aus RNS, die nach der Infektion einer Zelle in DNS überschrieben wird. Dieser Vorgang wird durch ein viruseigenes Enzym, die ↑Reverse Transkriptase, vermittelt. Die DNS-Kopie des Virusgenoms, das sogenannte Provirus, wird in die zelluläre DNS integriert.

Reverse Transkriptase

Enzym der Retroviren, das die Überschreibung des Virusgenoms in DNS vermittelt.

Western-Blot-Test

Test zur Bestätigung eines reaktiven ELISAS. Dabei werden Virusproteine der Größe nach in einem Gel aufgetrennt. Falls Antikörper gegen diese Antigene in einer Serumprobe vorhanden sind, lagern sie sich an die entsprechenden Antigene. Bei einer Nachbehandlung werden diese Komplexe als charakteristische Streifen sichtbar.

Autoren und Herausgeber

Adamski, Michalina, Dipl.-Biol., Chemotherapeutisches Forschungsinstitut, Georg-Speyer-Haus, Paul-Ehrlich-Straße 42–44, D-6000 Frankfurt/M. 70

Berthold, H., Dr. med., Institut für Virologie des Universitätsklinikums, Hugstetter Str. 55, D-7800 Freiburg

Biesert, L., Dipl.-Biochem., Chemotherapeutisches Forschungsinstitut, Georg-Speyer-Haus, Paul-Ehrlich-Straße 42–44, D-6000 Frankfurt/M. 70

Bogner, J., Dr. med., Medizinische Poliklinik der Universität, Pettenkoferstraße 8a, D-8000 München 2

Braun-Falco, O., Prof. Dr. Dr. h. c., Direktor der Dermatologischen Klinik und Poliklinik der Universität, Frauenlobstraße 9–11, D-8000 München 2

Brede, H. D., Prof. Dr. med., Chemotherapeutisches Forschungsinstitut, Georg-Speyer-Haus, Paul-Ehrlich-Straße 42–44, D-6000 Frankfurt/M. 70

Briesen, H. von, Dipl.-Biol., Chemotherapeutisches Forschungsinstitut, Georg-Speyer-Haus, Paul-Ehrlich-Straße 42–44, D-6000 Frankfurt/M. 70

Deinhardt, F., Prof. Dr. med., Vorstand des Max von Pettenkofer-Instituts für Hygiene und Medizinische Mikrobiologie, Pettenkoferstraße 9a, D-8000 München 2

Doerr, H. W., Prof. Dr. med., Zentrum für Hygiene der Universität, Paul-Ehrlich-Straße 40, D-6000 Frankfurt/M. 70

Dulz, B., Dr. med., Allgemeines Krankenhaus Ochsenzoll, Langenhorner Chaussee 560, D-2000 Hamburg 62

Engler, H., Dr. med., Abteilung Innere Medizin I des Universitätsklinikums, Hugstetter Straße 55, D-7800 Freiburg

Fröschl, Monika, Dermatologische Klinik und Poliklinik der Universität, Frauenlobstraße 9–11, D-8000 München 2

Gallenkamp, U., Dr. med., Kreiskrankenhaus, Neurologische Abteilung, D-5880 Lüdenscheid

Goebel, F. D., Prof. Dr. med., Medizinische Poliklinik der Universität, Pettenkoferstr. 8a, D-8000 München 2

Groener, J., Dr. med., Kreiskrankenhaus, Neurologische Abteilung, D-5880 Lüdenscheid

Grosch-Wörner, Ilse, Priv.-Doz. Dr. med., Freie Universität Berlin, Universitätsklinikum Charlottenburg, Kinderklinik und Poliklinik, Heubenerweg 6, D-1000 Berlin 19

Gullotta, F., Prof. Dr. med., Institut für Neuropathologie der Universität, D-4400 Münster

Gürtler, L., Dr., Max von Pettenkofer-Institut für Hygiene und Medizinische Mikrobiologie, Pettenkoferstraße 9a, D-8000 München 2

Hasler, Karola, Prof. Dr. med., Abteilung Innere Medizin I des Universitätsklinikums, Hugstetter Straße 55, D-7800 Freiburg

Heusler, H., Dr. med., Kreiskrankenhaus, Neurologische Abteilung, D-5880 Lüdenscheid

Hutner, G., Dipl.-Psych., Dermatologische Klinik und Poliklinik der Universität, Frauenlobstraße 9–11, D-8000 München 2

Immelmann, A., Dr. rer. nat., Niederheider Straße 3, D-4000 Düsseldorf

Kreuz, W., Dr. med., Zentrum der Kinderheilkunde der Universität, Theodor-Stern-Kai 7, D-6000 Frankfurt/M. 70

Matuschke, A., Dr. med., Medizinische Poliklinik der Universität, Pettenkoferstr. 8a, D-8000 München 2

Mix, D., Dr. med., Chemotherapeutisches Forschungsinstitut, Georg-Speyer-Haus, Paul-Ehrlich-Straße 42–44, D-6000 Frankfurt/M. 70

Ring, J., Prof. Dr. med. Dr. phil., Dermatologische Klinik und Poliklinik der Universität, Frauenlobstraße 9–11, D-8000 München 2

Ritzert, Barbara, Dipl.-Biol., Neumarkter Straße 18, D-8000 München 80

Rübsamen-Waigmann, Helga, Priv.-Doz. Dr. rer. nat., Chemotherapeutisches Forschungsinstitut, Georg-Speyer-Haus, Paul-Ehrlich-Straße 42–44, D-6000 Frankfurt/M. 70

Rudolph, H., Dr., II. Chirurgische Klinik für Unfall-, Wiederherstellungs-, Gefäß- und Plastische Chirurgie, Diakoniekrankenhaus, Else-Averdieck-Straße, D-2720 Rotenburg (Wümme)

Scharrer, Inge, Prof. Dr. med., Abteilung für Angiologie der Universität, Theodor-Stern-Kai 7, D-6000 Frankfurt/M. 70

Schmidt, R., Dipl.-Sozialpädagoge, Allgemeines Krankenhaus Ochsenzoll, Langenhorner Chaussee 560, D-2000 Hamburg 52

Seidl, O., Dr. med., Medizinische Poliklinik der Universität, Pettenkoferstraße 8a, D-8000 München 2

Staszewski, S., Dr. med., Zentrum der Inneren Medizin der Universität, Theodor-Stern-Kai 7, D-6000 Frankfurt/M. 70

Unkelbach, U., Dr. med., Dipl.-Chem., Chemotherapeutisches Forschungsinstitut, Georg-Speyer-Haus, Paul-Ehrlich-Straße 42–44, D-6000 Frankfurt/M. 70

Vocks, Mechthild, Dr. med., Freie Universität Berlin, Universitätsklinikum Charlottenburg, Kinderklinik und Poliklinik, Heubenerweg 6, D-1000 Berlin 19

Wegner, Renate, Dr. med., Zentrum der Inneren Medizin der Universität, Theodor-Stern-Kai 7, D-6000 Frankfurt/M. 70

Werner, H.-P., Prof. Dr., Hygiene-Institut der Universität, Hochhaus am Augustusplatz, D-6500 Mainz

Zippel, S., Dipl.-Psych., Münchner AIDS-Hilfe e. V., Müllerstraße 44 Rg., D-8000 München 2

Sachverzeichnis